高等职业教育系列教材

任务驱动 | 岗课赛证融通 | 校企深入合作

Web前端技术
(JavaScript+jQuery)

主　编 | 林龙健　李观金　王　磊
副主编 | 熊国华　邝楚文　吴道君　黄龙泉
参　编 | 凡飞飞　李德平　王章锐　张毅恒
主　审 | 钱英军

机械工业出版社
CHINA MACHINE PRESS

本书根据Web前端开发岗位的职业能力要求，以任务为驱动，全面地介绍了JavaScript和jQuery的相关知识，内容涵盖JavaScript基础、对象编程、DOM编程、BOM编程、事件、jQuery基础、jQuery DOM操作、jQuery动画、jQuery UI插件、jQuery AJAX技术等。全书分成JavaScript基础及应用、jQuery基础及应用和Web项目实践3个模块，共25个任务，内容由浅入深，实用性强。

本书不仅融入Web应用新技术，还融入了Web前端开发职业技能等级标准、全国职业院校技能大赛等相关赛项的内容，注重职业能力的培养。

本书可作为高等职业院校、职业本科院校和应用型本科院校相关专业教材，也可作为Web前端工程师、网页设计师、网站程序员等人员的参考书，还可以作为计算机培训教材及广大网站设计与开发爱好者学习用书。

本书配套电子资源包括微课视频、电子课件、习题解答、源程序和参考资料等，需要的教师可登录www.cmpedu.com免费注册、审核通过后下载，或联系编辑索取（微信：13261377872，电话：010-88379739）。

图书在版编目（CIP）数据

Web前端技术：JavaScript+jQuery / 林龙健，李观金，王磊主编. --北京：机械工业出版社，2025.7.
（高等职业教育系列教材）. -- ISBN 978-7-111-77331-3
Ⅰ．TP312.8
中国国家版本馆CIP数据核字第2025P2K712号

机械工业出版社（北京市百万庄大街22号　邮政编码100037）
策划编辑：李文轶　　　　　责任编辑：李文轶　赵小花
责任校对：贾海霞　张　薇　责任印制：单爱军
北京盛通数码印刷有限公司印刷
2025年7月第1版第1次印刷
184mm×260mm・18印张・466千字
标准书号：ISBN 978-7-111-77331-3
定价：69.90元（含任务工单）

电话服务　　　　　　　　　网络服务
客服电话：010-88361066　　机　工　官　网：www.cmpbook.com
　　　　　010-88379833　　机　工　官　博：weibo.com/cmp1952
　　　　　010-68326294　　金　书　网：www.golden-book.com
封底无防伪标均为盗版　　　机工教育服务网：www.cmpedu.com

Preface 前 言

"互联网+"的高速发展,使得 IT 行业进入快速发展期,各行各业对 Web 应用开发相关岗位人才的需求量更是急剧增长,人们对 Web 前端的交互设计与用户体验的要求也越来越高。因此,熟练掌握 Web 前端技术,特别是将 JavaScript 和 jQuery 与 HTML5、CSS3 技术相结合,开发出交互性强、用户体验好的网页,已成为 Web 前端开发人员必备的核心技能。

Web 前端技术包括 HTML5、CSS3、JavaScript 以及一系列 Web 前端框架应用技术,如 jQuery。JavaScript 是 Web 客户端的默认脚本语言,广泛应用于 Web 应用程序开发,可实现复杂的用户交互功能和动画效果。jQuery 是一个 JavaScript 库,也可以理解为一个轻量级框架,它具有轻量级、强大的选择器、出色的 DOM 操作封装、不污染顶级变量、可靠的事件处理机制、完善的 AJAX 操作、浏览器兼容性好、链式操作方式、隐式迭代、插件丰富、开源等优点,使用该框架能够提升开发效率,它在实际的 Web 项目中应用广泛。

本书是校企合作的成果,它以 Web 前端开发岗位的职业能力要求为指导,以任务为驱动,全面地介绍了 JavaScript 和 jQuery 知识,内容涵盖 JavaScript 基础、对象编程、DOM 编程、BOM 编程、事件、jQuery 基础、jQuery DOM 操作、jQuery 动画、jQuery UI 插件、jQuery AJAX 技术等。本书按知识体系分为 JavaScript 基础及应用、jQuery 基础及应用和 Web 项目实践 3 个模块,共 25 个任务,内容由浅入深,实用性强。

本书遵循"做中学""以学生为中心"等原则,融合了"工作手册式""岗课赛证"等理念。本书还融入了 Web 前端开发职业技能等级标准、全国计算机等级考试(二级)的 Web 课程设计考试大纲、全国职业院校技能大赛软件开发等相关赛项的内容,引入了 Web 前端开发的新知识、新技术和新理念,既注重职业能力的培养,又注重提升学生的职业素养。

本书在外在形态上,任务工单合为一个小册子,方便携带与学习;在内在形态上,按照由易到难、由浅入深的逻辑编排,每个任务由教学目标(知识目标、技能目标、素质目标)、知识导图、任务描述与分析、知识学堂、任务实施、证赛观测、课后练习和任务工单组成。每个任务通过二维码等技术手段嵌入微课视频、任务效果演示、拓展资源等,形成了新形态一体化教材。

本书有配套的在线课程,网址为 https://www.xueyinonline.com/detail/249782155,希望对您学习本课程有帮助。

Web前端技术(JavaScript+jQuery)

　　本书可作为高等职业院校、职业本科院校和应用型本科院校相关专业教材，也可作为 Web 前端工程师、网页设计师、网站程序员的参考书，还可以作为计算机培训教材及广大 Web 开发爱好者的学习用书。

　　由于编者水平有限，书中难免存在疏漏和不妥之处，敬请广大读者批评指正。编者邮箱：382526903@qq.com。

编　者

目录 Contents

前言

模块 1　JavaScript 基础及应用

任务 1　单击图片弹出窗口并输出文本 1

1.1　任务描述与分析 1
1.2　知识学堂 2
 1.2.1　什么是 JavaScript 2
 1.2.2　JavaScript 的产生与发展 3
 1.2.3　JavaScript 的特点 3
 1.2.4　JavaScript 的组成 4
 1.2.5　常用的 Web 前端开发工具 4
1.3　任务实施 4
1.4　证赛观测 4
1.5　课后练习 5

任务 2　在页面上显示图书信息 6

2.1　任务描述与分析 6
2.2　知识学堂 7
 2.2.1　JavaScript 的使用方法 7
 2.2.2　JavaScript 注释 8
 2.2.3　控制台的应用 9
2.3　任务实施 10
2.4　证赛观测 10
2.5　课后练习 11

任务 3　采集并输出学生信息 12

3.1　任务描述与分析 13
3.2　知识学堂 14
 3.2.1　JavaScript 基本输入语句 14
 3.2.2　JavaScript 基本输出语句 14
 3.2.3　JavaScript 变量 15
3.3　任务实施 17
3.4　证赛观测 18
3.5　课后练习 18

任务 4　输入商品单价和数量计算总金额 20

4.1　任务描述与分析 21
4.2　知识学堂 21
 4.2.1　数据类型 21
 4.2.2　数字型 22
 4.2.3　字符串型 22
 4.2.4　布尔类型 24
 4.2.5　数据类型检测 24
 4.2.6　null 与 undefined 的区别 24
 4.2.7　数据类型转换 25
4.3　任务实施 26
4.4　证赛观测 26
4.5　课后练习 26

任务 5　制作简单运算器 ········· 28

- 5.1　任务描述与分析 ············ 28
- 5.2　知识学堂 ····················· 29
  - 5.2.1　算术运算符 ············ 29
  - 5.2.2　比较运算符 ············ 30
  - 5.2.3　逻辑运算符 ············ 30
  - 5.2.4　赋值运算符 ············ 31
  - 5.2.5　条件运算符 ············ 31
  - 5.2.6　运算符优先级 ········· 31
  - 5.2.7　eval( )函数 ············ 32
- 5.3　任务实施 ····················· 32
- 5.4　证赛观测 ····················· 33
- 5.5　课后练习 ····················· 33

任务 6　根据输入成绩评定等级 ········· 34

- 6.1　任务描述与分析 ············ 34
- 6.2　知识学堂 ····················· 35
  - 6.2.1　流程控制 ················ 35
  - 6.2.2　单分支语句 if ········· 35
  - 6.2.3　双分支语句 if…else ···· 36
  - 6.2.4　多分支语句 if…else if ···· 36
  - 6.2.5　多分支语句 switch ···· 37
  - 6.2.6　if 语句嵌套 ············ 39
- 6.3　任务实施 ····················· 39
- 6.4　证赛观测 ····················· 40
- 6.5　课后练习 ····················· 41

任务 7　使用玫瑰花图片制作菱形 ········· 42

- 7.1　任务描述与分析 ············ 42
- 7.2　知识学堂 ····················· 43
  - 7.2.1　循环结构 ················ 43
  - 7.2.2　for 循环语句 ············ 43
  - 7.2.3　while 循环语句 ········ 44
  - 7.2.4　do…while 循环语句 ···· 44
  - 7.2.5　循环嵌套 ················ 45
  - 7.2.6　continue 和 break 关键字 ···· 46
- 7.3　任务实施 ····················· 47
- 7.4　证赛观测 ····················· 48
- 7.5　课后练习 ····················· 48

任务 8　制作七色小球效果 ········· 50

- 8.1　任务描述与分析 ············ 51
- 8.2　知识学堂 ····················· 51
  - 8.2.1　数组的定义 ············ 51
  - 8.2.2　创建数组 ················ 51
  - 8.2.3　数组的应用 ············ 52
  - 8.2.4　数组常用方法 ········· 52
  - 8.2.5　数组遍历 ················ 53
- 8.3　任务实施 ····················· 55
- 8.4　证赛观测 ····················· 55
- 8.5　课后练习 ····················· 56

任务 9　统计学生考试成绩 ········· 57

- 9.1　任务描述与分析 ············ 57
- 9.2　知识学堂 ····················· 58
  - 9.2.1　什么是函数 ············ 58
  - 9.2.2　函数的应用 ············ 59

9.2.3 递归函数 …………………………… 61	9.3 任务实施 …………………………… 62
9.2.4 闭包函数 …………………………… 61	9.4 证赛观测 …………………………… 63
9.2.5 箭头函数 …………………………… 61	9.5 课后练习 …………………………… 63
9.2.6 立即执行函数 ……………………… 62	

任务 10　存储并输出手机商品信息 …………………………… 65

10.1 任务描述与分析 …………………… 66	10.2.4 对象方法的判断 ………………… 70
10.2 知识学堂 …………………………… 66	10.2.5 JavaScript 内置对象 …………… 70
10.2.1 什么是对象 ……………………… 66	10.3 任务实施 …………………………… 70
10.2.2 创建及访问对象 ………………… 67	10.4 证赛观测 …………………………… 72
10.2.3 遍历对象 ………………………… 69	10.5 课后练习 …………………………… 72

任务 11　验证用户注册页面信息 …………………………… 73

11.1 任务描述与分析 …………………… 74	11.2.3 操作 DOM 元素 ………………… 81
11.2 知识学堂 …………………………… 75	11.3 任务实施 …………………………… 88
11.2.1 DOM 概述 ……………………… 75	11.4 证赛观测 …………………………… 91
11.2.2 获取 DOM 元素 ………………… 76	11.5 课后练习 …………………………… 91

任务 12　制作 Tab 栏显示古诗信息 …………………………… 93

12.1 任务描述与分析 …………………… 93	12.3 任务实施 …………………………… 95
12.2 知识学堂 …………………………… 94	12.4 证赛观测 …………………………… 97
12.2.1 排他思想概述 …………………… 94	12.5 课后练习 …………………………… 97
12.2.2 排他操作的应用 ………………… 94	

任务 13　制作留言页面 …………………………… 98

13.1 任务描述与分析 …………………… 98	13.2.3 操作节点 ………………………… 103
13.2 知识学堂 …………………………… 99	13.3 任务实施 …………………………… 105
13.2.1 节点概述 ………………………… 99	13.4 证赛观测 …………………………… 107
13.2.2 获取节点 ………………………… 100	13.5 课后练习 …………………………… 107

任务 14　模拟 LED 显示屏效果 …………………………… 109

14.1 任务描述与分析 …………………… 110	14.2.3 常见事件应用 …………………… 115
14.2 知识学堂 …………………………… 110	14.2.4 防抖和节流 ……………………… 122
14.2.1 事件基础 ………………………… 110	14.3 任务实施 …………………………… 122
14.2.2 事件对象 ………………………… 112	14.4 证赛观测 …………………………… 124

14.5　课后练习 …………………… 124

任务 15　制作随机选号器 …………………… 126

15.1　任务描述与分析 …………… 126
15.2　知识学堂 …………………… 127
　15.2.1　什么是定时器 …………… 127
　15.2.2　定时器方法 ……………… 127
15.2.3　定时器应用 ……………… 128
15.3　任务实施 …………………… 130
15.4　证赛观测 …………………… 131
15.5　课后练习 …………………… 131

任务 16　使用 ES9 语法存储并输出产品列表信息 …………………… 133

16.1　任务描述与分析 …………… 133
16.2　知识学堂 …………………… 134
　16.2.1　解构赋值的定义 ………… 134
　16.2.2　数组解构赋值 …………… 134
　16.2.3　对象解构赋值 …………… 135
　16.2.4　JSON 数据解构赋值 …… 136
16.2.5　Promise 解构赋值 ……… 136
16.2.6　解构赋值的优势 ………… 137
16.2.7　ES9 新特性 ……………… 137
16.3　任务实施 …………………… 137
16.4　证赛观测 …………………… 138
16.5　课后练习 …………………… 139

模块 2　jQuery 基础及应用

任务 17　使用 jQuery 实现弹出窗口输出"Hello jQuery！" …………………… 140

17.1　任务描述与分析 …………… 140
17.2　知识学堂 …………………… 141
　17.2.1　什么是 jQuery …………… 141
　17.2.2　jQuery 的获取 …………… 141
　17.2.3　jQuery 的基本语法 ……… 143
17.2.4　jQuery 的使用 …………… 143
17.2.5　jQuery 对象 ……………… 143
17.3　任务实施 …………………… 144
17.4　证赛观测 …………………… 145
17.5　课后练习 …………………… 145

任务 18　使用 jQuery 实现网站品牌列表的展开与收起 …………………… 147

18.1　任务描述与分析 …………… 147
18.2　知识学堂 …………………… 148
　18.2.1　基本选择器 ……………… 148
　18.2.2　层次选择器 ……………… 149
18.2.3　过滤选择器 ……………… 149
18.2.4　表单选择器 ……………… 151
18.2.5　选择元素的相关方法 …… 152
18.2.6　is( ) 函数 ………………… 152

18.3	任务实施 …………………… 153	18.5	课后练习 …………………… 155
18.4	证赛观测 …………………… 154		

任务 19　使用 jQuery 实现文章栏目切换显示效果 …………………… 157

19.1	任务描述与分析 …………… 157	19.3	任务实施 …………………… 160
19.2	知识学堂 …………………… 158	19.4	证赛观测 …………………… 162
19.2.1	操作 CSS 方法 …………… 158	19.5	课后练习 …………………… 162
19.2.2	操作类样式方法 ………… 159		

任务 20　使用 jQuery 实现答案显示与隐藏效果 …………………… 164

20.1	任务描述与分析 …………… 165	20.2.4	jQuery 方法 on( ) ………… 170
20.2	知识学堂 …………………… 165	20.3	任务实施 …………………… 170
20.2.1	显示与隐藏动画 ………… 165	20.4	证赛观测 …………………… 171
20.2.2	滑动动画 ………………… 167	20.5	课后练习 …………………… 171
20.2.3	淡入/淡出动画 …………… 168		

任务 21　使用 jQuery 实现焦点幻灯效果 …………………… 173

21.1	任务描述与分析 …………… 173	21.2.4	动画队列 ………………… 178
21.2	知识学堂 …………………… 174	21.2.5	停止动画和动画状态判断 … 179
21.2.1	自定义动画基础 ………… 175	21.3	任务实施 …………………… 180
21.2.2	animate( )操作多个属性 … 176	21.4	证赛观测 …………………… 181
21.2.3	animate( )使用相对值 …… 177	21.5	课后练习 …………………… 181

任务 22　使用 jQuery 实现购物车功能 …………………… 183

22.1	任务描述与分析 …………… 184	22.2.3	jQuery 元素操作 ………… 188
22.2	知识学堂 …………………… 185	22.3	任务实施 …………………… 190
22.2.1	jQuery 属性操作 ………… 185	22.4	证赛观测 …………………… 193
22.2.2	jQuery 内容操作 ………… 186	22.5	课后练习 …………………… 193

任务 23　使用 jQuery 制作评论页面 …………………… 195

23.1	任务描述与分析 …………… 195	23.2	知识学堂 …………………… 197

23.2.1	jQuery 尺寸操作 …………… 197		23.4	证赛观测 ………………………… 201
23.2.2	jQuery 位置操作 …………… 197		23.5	课后练习 ………………………… 202
23.2.3	jQuery 事件 ………………… 197			
23.3	任务实施 ………………………… 200			

任务 24　使用 jQuery UI 制作风云人物列表 ……… 203

24.1	任务描述与分析 ………………… 203		24.2.4	jQuery UI 的工作原理 ……… 205
24.2	知识学堂 ………………………… 204		24.3	任务实施 ………………………… 205
24.2.1	jQuery UI 简介 …………… 204		24.4	证赛观测 ………………………… 207
24.2.2	下载 jQuery UI …………… 204		24.5	课后练习 ………………………… 207
24.2.3	jQuery UI 应用 …………… 204			

模块 3　Web 项目实践

任务 25　制作链农生鲜集团网页交互效果 ………… 208

25.1	任务描述与分析 ………………… 209		25.2.3	jQuery 异步数据请求方法 …… 219
25.2	知识学堂 ………………………… 211		25.3	任务实施 ………………………… 221
25.2.1	JSON 基础及应用 ………… 211		25.4	证赛观测 ………………………… 223
25.2.2	AJAX 基础及应用 ………… 216		25.5	课后练习 ………………………… 224

参考文献　………………………………………………………… 226

模块 1 JavaScript 基础及应用

任务 1 单击图片弹出窗口并输出文本

【知识目标】
- 了解什么是 JavaScript；
- 熟悉 JavaScript 的产生与发展；
- 了解 JavaScript 的特点；
- 掌握 JavaScript 的组成；
- 了解 JavaScript 的版本；
- 理解 JavaScript 与 ECMAScript 的关系；
- 了解常用的 Web 前端开发工具。

【技能目标】
- 能够描述 JavaScript 的产生与发展过程；
- 能够描述 JavaScript 脚本语言的特点、组成及版本；
- 能够描述 JavaScript 与 ECMAScript 的关系；
- 能够安装并使用常用的 Web 前端开发工具。

【素质目标】
- 强化学生的专业认知和职业认同感；
- 提升学生的信息素养；
- 培养学生正确的生态文明观。

码 1-0 品故事悟道理：小张的生态创业路

单击图片弹出窗口并输出文本
- 什么是 JavaScript
- JavaScript 的产生与发展
- JavaScript 的特点
- JavaScript 的组成
- 常用的 Web 前端开发工具

【知识导图】

1.1 任务描述与分析

码 1-1 任务效果演示

任务描述：在网页中插入图片，单击图片弹出窗口，窗口输出"坚持人与自然和谐共生，必须树立和践行绿水青山就是金山银山的理念，坚持节约资源和保护环境"文本内容。通过分析可知，完成该任务需掌握 JavaScript 代码编辑工具的安装、

JavaScript 入门、JavaScript 基础应用等知识。

根据上面的描述可知，该任务实现思路如下：

1）安装开发工具 Visual Studio Code 或 HBuilder X。

2）创建 HTML 页面，并插入图片。

3）编写 JavaScript 代码，具体的业务逻辑如下：

① 获取图片元素。

② 给图片元素绑定单击事件。

③ 编写事件处理函数。

本任务的效果图如图 1-1 所示。

图 1-1 单击图片弹出窗口并输出文本

1.2 知识学堂

码 1-2 什么是 JavaScript

1.2.1 什么是 JavaScript

JavaScript（简称 JS）是一门轻量级、解析型的脚本语言，主要用于开发交互式的 Web 页面，是当前流行的编程语言之一。

从网页构成方面分析，HTML、CSS 和 JavaScript 分别代表了结构、样式和行为。结构是网页的骨架，可以理解为毛坯房的结构；样式是网页的外观，可以理解为装修风格；行为是网页的交互逻辑，可以理解为房子的功能，如在房子里睡觉、做饭等。

从上面的分析得知，JavaScript 在页面的交互逻辑等方面发挥着重要作用，广泛应用于以下几个方面。

1）前端开发：作为 Web 前端开发中最重要的编程语言之一，可以用于制作动态交互的网页、音视频播放、表单验证、动画效果等。

2）数据可视化：用于在网页上绘制各种图表、地图等。JavaScript 拥有 ECharts、Dygraphs.js、D3.js、InfoVis、Springy.js 等多种可实现数据可视化效果的框架。

3）移动应用开发：用 React Native 和 Ionic 等框架进行移动应用程序开发。

4)服务器端开发:JavaScript 联合 Node.js 可以进行后端开发,如搭建服务器、编写接口、处理数据等。

5)游戏开发:JavaScript 联合 HTML5 可以制作简单的游戏,如卡片游戏、互动小游戏等。

6)自动化测试:用于编写自动化测试脚本,也可以测试网站的性能、兼容性、功能等。

7)桌面应用开发:通过 NW.js 和 Electron 等工具,可以用 JavaScript 开发跨平台的桌面应用程序。

1.2.2 JavaScript 的产生与发展

码 1-3 JavaScript 的产生与发展

JavaScript 最初由网景公司(Netscape)的 Brendan Eich(布兰登·艾奇)在 1995 年创建。它起初用于在网页上编程的简单脚本语言,但随着 Web 技术的发展和广泛应用,JavaScript 不断演化和发展,逐渐成为一种强大的编程语言。

JavaScript 有多个版本。其中最重要的是 ES6(ECMAScript 2015),它引入了许多新的特性和语法,如箭头函数、let 和 const 关键字、模板字符串等。这些新特性让 JavaScript 更加现代化、高效和易读。除此之外,JavaScript 还涌现出了许多优秀的框架,例如 Vue.js、React、Angular、jQuery 等,这些框架使 JavaScript 开发变得更加快速和高效,同时,JavaScript 的生态系统也在不断扩展和完善,为开发者提供了更多的工具和资源。

1997 年,ECMA(European Computer Manufacturers Association,欧洲计算机制造商协会)通过 ECMAScript 实现了 JavaScript 语言的标准化,版本为 ECMAScript 1,简称 ES1。2015 年,ECMA 正式发布了 ECMAScript 6(简写为 ES6),并且将其更名为"ECMAScript 2015",TC39 委员会(Technical Committee 是 ECMA 为 ES 专门组织的技术委员会,39 是 ECMA 使用数字来标记旗下的技术委员会)自 2015 年开始,每年发布一个 ECMAScript 版本,且以年份命名,ECMAScript 版本演变情况请扫二维码查看。

ECMAScript 和 JavaScript 到底是什么关系?要弄清楚这个问题,需要回顾历史。1996 年 11 月,JavaScript 的创造者 Netscape 公司,决定将 JavaScript 提交给标准化组织——ECMA,希望这种语言能够成为国际标准语言。次年,ECMA 发布了 262 号标准文件(ECMA-262)的第一版,规定了浏览器脚本语言的标准,并将这种语言称为 ECMAScript,这个版本就是 1.0 版。

该标准是针对 JavaScript 语言制定的,但是之所以不叫 JavaScript,有两个原因。一是商标,Java 当时是 Sun 公司的商标,根据授权协议,只有 Netscape 公司可以合法地使用 JavaScript 这个名字,且 JavaScript 本身也已经被 Netscape 公司注册为商标。二是体现这门语言的制定者是 ECMA,而不是 Netscape,这样有利于保证这门语言的开放性和中立性。

因此,ECMAScript 和 JavaScript 的关系是:ECMAScript 是 JavaScript 语言的国际标准,ECMAScript 是 JavaScript 的具体实现。

1.2.3 JavaScript 的特点

JavaScript 具有以下特点:
1)轻量级:语法相对简单,代码量少,易于学习和使用。
2)解释性:不需要编译,代码可以直接在浏览器中执行。
3)基于对象:是一种面向对象的语言,可以创建和使用对象。
4)可扩展性:可以通过各种库和框架进行扩展,使开发变得更加高效和方便。
5)跨平台性:可以在不同的操作系统和浏览器中运行,具有很强的跨平台性。

1.2.4　JavaScript 的组成

码 1-4　JavaScript 的组成

JavaScript 由 ECMAScript、DOM 和 BOM 三部分组成，每部分的具体作用如表 1-1 所示。

表 1-1　JavaScript 各组成部分的作用

名称	作用
ECMAScript	JavaScript 的核心。它定义了 JavaScript 的标准，规定了基本语法、数据类型、关键字、具体应用程序编程接口（Application Programming Interface，API）的设计规范等，它是所有浏览器厂商共同遵守的一套 JavaScript 语法工业标准
DOM	文档对象模型。它是万维网联盟（World Wide Web Consortium，W3C）组织推荐的处理可扩展标记语言的标准编程接口，通过它可以操作页面上的各种元素
BOM	浏览器对象模型。它是一套操作浏览器功能的 API，通过 BOM 可以操作浏览器，包括窗口、历史记录、定时器、对话框、屏幕大小等浏览器相关的对象和方法

1.2.5　常用的 Web 前端开发工具

在 Web 前端开发中，常用的开发工具有 Visual Studio Code、HBuilder、Sublime Text、WebStorm 等。请在本书提供的电子资源中查看这些工具介绍。

1.3　任务实施

根据分析可知，任务实施的具体步骤如下：

1）安装开发工具 Visual Studio Code。
2）创建一个 HTML 文档。
3）插入图片，并编写 JavaScript 代码，具体代码如下：

```
<body>
<!-- 插入 img 文件夹下的图片"1-1.jpg" -->
<img src="img/1-1.jpg">
  <script>
    //获取页面上的 img 元素，并赋值给变量 img
    let img=document.querySelector('img');
    //给 img 元素绑定单击事件，并编写事件处理函数
    img.onclick=function(){
      //弹出窗口输出字符串
      alert('坚持人与自然和谐共生。必须树立和践行绿水青山就是金山银山的理念，坚持节约资源和保护环境的基本国策。');
    }
  </script>
</body>
```

1.4　证赛观测

1. 对接 1+X "Web 前端开发"职业技能等级证书情况

（1）什么是 1+X 证书制度

1+X 证书制度即学历证书+若干职业技能等级证书制度，"1"为学历证书，"X"为若

干职业技能等级证书。学校教育是全面贯彻党的教育方针，落实立德树人的根本任务，培养德智体美劳全面发展的高素质劳动者和技术技能人才的主渠道。学历证书全面反映学校教育的人才培养质量，在国家人力资源开发中起着不可或缺的基础性作用。职业技能等级证书是毕业生、社会人员职业技能水平的凭证，反映职业活动和个人职业生涯发展所需要的综合能力。

（2）Web前端开发考证所需的开发工具

根据Web前端开发常用软件和框架的要求，Web前端开发考证所需的开发工具是Visual Studio Code、HBuilder、Sublime Text、WebStorm，要求4选1。

2. 对接技能竞赛情况

对接的赛项是全国职业院校技能大赛"移动应用开发（中职）"赛项、全国职业院校技能大赛"应用软件系统开发（高职）"赛项、蓝桥杯全国软件和信息技术专业人才大赛个人赛（软件赛）"Web应用开发"赛项。

1.5 课后练习

1. （单选题）网景公司的布兰登·艾奇于（　　）年创建JavaScript。
   A. 1995　　　　B. 1996　　　　C. 1997　　　　D. 1998

2. （单选题）以下不是JavaScript特点的是（　　）。
   A. 跨平台　　　B. 编译执行　　C. 轻量级　　　D. 可扩展性

3. （单选题）JavaScript由（　　）组成。
   A. ECMAScript、DOM和CSS　　　　B. ECMAScript、DOM和HTML
   C. ECMAScript、HTML和CSS　　　　D. ECMAScript、DOM和BOM

4. （单选题）关于ECMAScript与JavaScript的理解正确的是（　　）。
   A. ECMAScript与JavaScript没有任何关系
   B. ECMAScript完全等于JavaScript
   C. ECMAScript是JavaScript语言的国际标准，JavaScript是ECMAScript的一种实现
   D. ECMAScript和JavaScript都是一门脚本语言

5. （单选题）坚持人与自然和谐共生，必须树立和践行（　　）的理念，坚持节约资源和保护环境的基本国策。
   A. 绿水青山就是金山银山　　　　B. 保护环境
   C. 保护水源　　　　　　　　　　D. 保护大气

6. （操作题）使用JavaScript实现单击"Web前端技术"按钮时，弹出窗口输出"学的不仅是技术，更是梦想！"。

任务 2　在页面上显示图书信息

【知识目标】
- 掌握在 Web 页面中嵌入 JavaScript 脚本的方法；
- 掌握 JavaScript 的注释方法；
- 掌握控制台的应用方法。

【技能目标】
- 能够根据需求选择合适的方法在 Web 页面中嵌入 JavaScript 脚本；
- 能够根据需要在 JavaScript 代码中添加注释；
- 能够利用浏览器的控制台查看输出的数据以及 JavaScript 报错信息。

【素质目标】
- 培养学生良好的代码注释习惯；
- 培养学生发现问题、分析问题的能力；
- 增强学生的法律意识。

码 2-0　品故事悟道理：《民法典》——守护人民权益的法典

【知识导图】

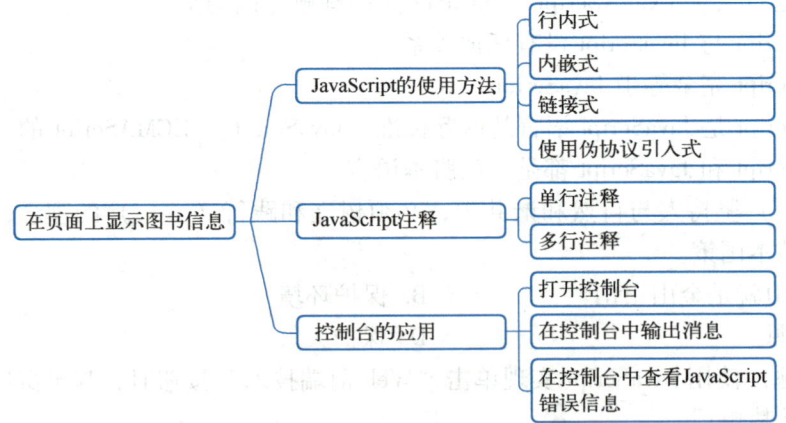

2.1　任务描述与分析

《中华人民共和国民法典》被称为"社会生活的百科全书"，它是新中国第一部以法典命名的法律，在法律体系中处于基础性地位，也是市场经济的基本法。

任务描述：使用 JavaScript 在 Web 页面上输出《中华人民共和国民法典》的图书信息，内容包括作者、出版社、出版时间等。通过分析可知，要完成该任务需要掌握 JavaScript 的使用方法、document.write()语句、JavaScript 注释、控制台的应用等知识。

根据上面描述可知，该任务实现思路如下：

1）创建 HTML 文档。
2）嵌入代码到创建的 HTML 文档中。
3）使用 document.write()语句在页面输出信息。
4）使用浏览器浏览该 HTML 文档。

任务的效果如图 2-1 所示。

图 2-1　图书信息

2.2　知识学堂

2.2.1　JavaScript 的使用方法

JavaScript 是一门脚本语言，它需要嵌入到 Web 页面中使用，具体的嵌入方法有以下几种。

码 2-1　JavaScript 的使用方法

1. 行内式

该方法是把单行或少量的 JavaScript 代码写在 HTML 标签的事件属性中，如单击事件 onclick 等。该方法的示例代码如下：

```
<input type="button" value="行内式" onclick="alert('奋斗的青春最美丽')">
```

运行上述代码，在页面上单击"行内式"按钮，此时会弹出一个警告框，如图 2-2 所示。

图 2-2　行内式

2. 内嵌式

该方法是把 JavaScript 代码写在<script>与</script>标签之间，<script>标签通常放在<head>与</head>之间，当然也可以放在<body>中。内嵌式是最常使用的方式。该方法的示例代码如下：

```
<head>
    ...
    <script>
        document.write("Hello JavaScript!");
    </script>
</head>
```

运行上述代码，效果如图 2-3 所示。

图 2-3　内嵌式

3. 链接式

该方法是把 JavaScript 代码写在一个单独的文件中（文件的扩展名为".js"），然后在 HTML 页面中使用<script>标签把该 js 文件引入进来，该方法适合 JavaScript 代码比较多的情况。例如使用该方法在页面上输出字符"撸起袖子加油干，风雨无阻向前行!"，实现过程如下：

1）创建文件 test.js，该文件的 JavaScript 代码如下：

```
document.write("撸起袖子加油干，风雨无阻向前行!");
```

2）创建 HTML 文档 index.html，并使用<script>标签把 test.js 文件引进来，具体代码如下：

```
<head>
    ⋮
    <script src="test.js"></script>
</head>
```

3）通过浏览器打开 index.html 页面，效果如图 2-4 所示。

图 2-4 链接式

4. 使用伪协议引入式

除了使用上述的 3 种方法外，还可以使用伪协议引入 JavaScript 脚本代码，但在实际项目开发中，不推荐使用这种方式。

通过伪协议引入 JavaScript 代码的语法格式如下：

javascript:JavaScript 脚本代码

示例代码如下：

```
<a href="javascript:alert('这是另一种方式调用脚本代码')">点我</a>
```

在上述代码中，href 属性中的"javascript:"就表示伪协议。当单击网页上这个超链接后，就会弹出警告框。

2.2.2 JavaScript 注释

码 2-2 JavaScript 注释

在 JavaScript 开发的过程中，通过注释可以对代码进行解释说明，能够增强代码的可读性，当然也可以使用注释屏蔽代码的执行。

1. 单行注释

单行注释以//开头，任何位于//与行末之间的文本都会被 JavaScript 忽略（不会执行），示例代码如下：

```
<script>
    //输出 Hello World!
    document.write("Hello World!");
</script>
```

2. 多行注释

多行注释以/*开头，以*/结尾，任何位于/*和*/之间的文本都会被 JavaScript 忽略（不会执行），示例代码如下：

```
<script>
    /*
    弹出窗口输出 Hello World!
    在控制台输出 Hello Web!
    */
    document.write("Hello World!");
    console.log("Hello Web!");
</script>
```

提示：在 Visual Studio Code 开发工具中，可以使用快捷键对当前选中的行添加注释或取消注释，单行注释使用快捷键〈Ctrl+/〉，多行注释使用快捷键〈Shift+Alt+A〉。

2.2.3 控制台的应用

码2-3 控制台的使用

控制台是浏览器中的内置调试器，Web 开发人员经常会使用 console.log() 语句在控制台中输出消息和调试问题，或者通过控制台查看 JavaScript 运行产生的错误信息等。所以，熟练掌握控制台的应用，对提升开发效率具有重要的意义。以下简要介绍浏览器控制台的应用。

1. 打开控制台

打开控制台的方法有两种：第一种方法是使用快捷键〈F12〉或者组合键〈Ctrl+Shift+I〉打开控制台；第二种方法是在网页内右击，然后选择"检查"或"审核元素"打开控制台。以 Google 浏览器为例，打开控制台的界面如图 2-5 所示。

2. 在控制台中输出信息

如果需要在控制台中输出信息，则可以使用 console.log() 语句，例如在控制台中输出字符串"千里之行 始于足下"，那么，在 HTML 文档中的 JavaScript 代码如下：

```
<script>
    console.log("千里之行 始于足下");
</script>
```

使用浏览器打开 HTML 文档，在控制台中即可看到输出的字符，如图 2-6 所示。

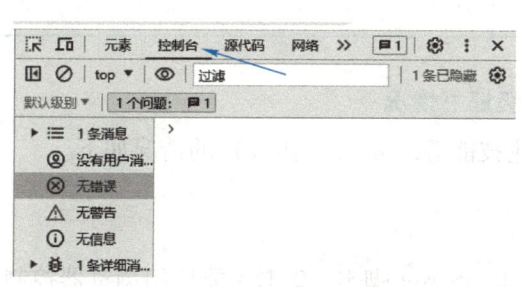

图 2-5 控制台界面

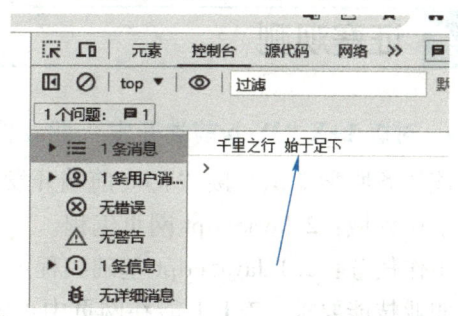

图 2-6 在控制台中输出字符

3. 在控制台中查看 JavaScript 错误信息

在 JavaScript 开发的过程中，如果编写的 JavaScript 代码有错误，则错误信息将会在控制台中输出，例如以下代码：

```
<script>
document.wirte("千里之行  始于足下");
</script>
```

在上述代码中，代码 document.write() 错写成了 document.wirte()，通过浏览器打开 HTML 文档后，页面上并没有输出"千里之行 始于足下"字符，此时，返回控制台，将会看到如图 2-7 所示的报错信息。

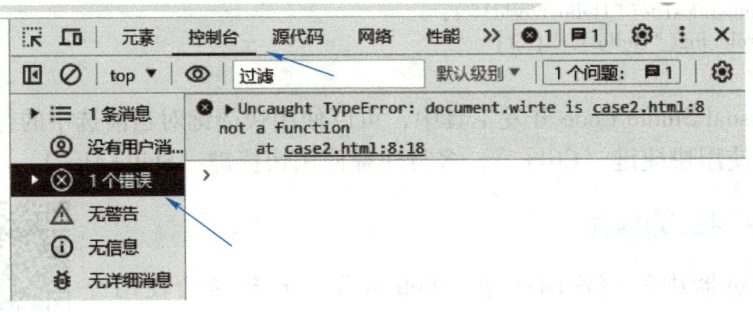

图 2-7 在控制台中输出错误信息

2.3 任务实施

根据分析可知，任务实施的具体步骤如下：
1）创建 HTML 文档。
2）在<body>与</body>标签之间嵌入<script>……</script>标签。
3）编辑 JavaScript 代码输出图书信息，具体代码如下：

```
<script>
    document.write("<h4>《中华人民共和国民法典》图书信息</h4>");
    document.write("<p><b>作者：</b>中国法制出版社</p>");
    document.write("<p><b>出版社：</b>中国法制出版社</p>");
    document.write("<p><b>出版时间：</b>2020 年 06 月</p>");
</script>
```

2.4 证赛观测

1. 对接 1+X"Web 前端开发"职业技能等级证书情况

该任务所学知识对接"Web 前端开发"职业技能等级要求（初级）的情况如下。

工作领域：2 JavaScript 网页编程。

工作任务：2.1 JavaScript 基础编程。

职业技能要求：2.1.1 能在网页中正确引入 JavaScript 脚本；2.1.5 能使用浏览器控制台调试 JavaScript 程序。

2. 对接技能竞赛情况

同任务 1 的赛项。

2.5 课后练习

1. （单选题）单独存放 JavaScript 程序的文件扩展名是（　　）。
A．.js   B．.java   C．.script   D．.javascript

2. （单选题）JavaScript 为代码添加多行注释的语法为（　　）。
A. <!---->   B. //   C. /* */   D. #

3. （单选题）关于在 HTML 文档中嵌入 JavaScript 代码的说法，描述正确的是（　　）。
A. JavaScript 代码只能嵌入在 HTML 页面的<head>与</head>之间
B. JavaScript 代码可以嵌入在 HTML 页面中的任何地方
C. JavaScript 代码必须包裹在<script></script>标签对中
D. JavaScript 代码必须写入在单独的 js 文件中

4. （单选题）在 HTML 页面中引用名称为"index.js"的外部脚本正确的是（　　）。
A. <script src="index.js"></script>
B. <script href="index.js"></script>
C. <script name="index.js"></script>
D. index.js

5. （单选题）执行以下代码后，在页面上将会输出（　　）。

```
<script>
    document.write("A")
    //document.write("B")
</script>
```

A. AB   B. A   C. B   D. 无输出

6. （操作题）分别使用行内式、内嵌式和链接式实现弹出窗口输出字符"Web 前端技术"。

任务 3　采集并输出学生信息

【知识目标】
- 掌握 JavaScript 基本输入语句；
- 掌握 JavaScript 基本输出语句；
- 理解变量的概念；
- 熟悉变量的命名规则；
- 掌握变量的使用；
- 了解变量的数据类型；
- 理解变量的作用域。

【技能目标】
- 能够利用输入语句获取输入的数据；
- 能够选择合适的输出语句输出数据；
- 能够根据变量命名规则定义变量和使用变量；
- 能够根据需求定义全局变量、局部变量和块级变量。

码 3-0　品故事悟道理：规则成就代码之美

【素质目标】
- 培养学生良好的代码编写规范；
- 培养学生自主探究的精神。

【知识导图】

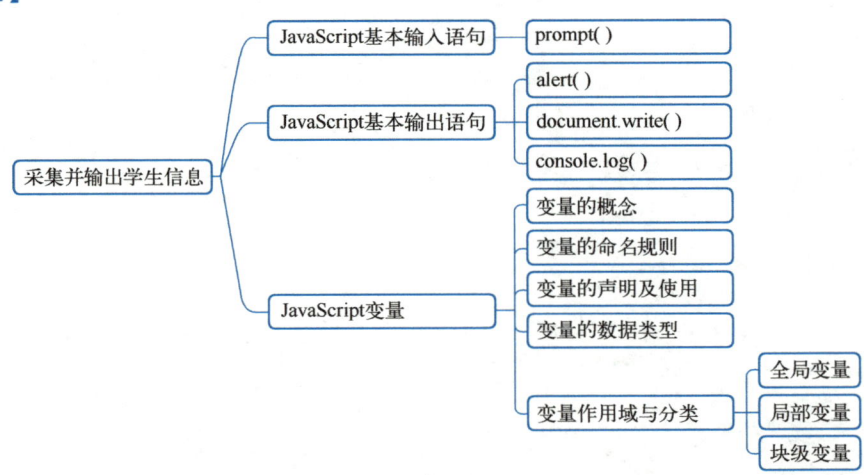

3.1 任务描述与分析

码3-1　任务效果演示

本任务使用 JavaScript 实现学生个人信息的采集，然后在 Web 页面输出学生个人信息。

根据任务描述可知，要实现该任务，首先需要有录入学生信息的入口，其次需要存储所录入的学生信息，然后再把学生信息在页面上输出来。通过分析可知，实现本任务需掌握 JavaScript 输入/输出语句和变量等相关知识。

根据上面描述可知，任务实现思路如下：
1）创建 HTML 文档。
2）嵌入 JavaScript 代码到创建的 HTML 文档中。
3）使用输入语句获取学生信息并保存在变量中。
4）使用输出语句输出相关变量。
5）使用浏览器浏览该 HTML 文档。

本任务的效果如图 3-1、图 3-2、图 3-3、图 3-4、图 3-5 和图 3-6 所示。

图 3-1　输入姓名

图 3-2　输入性别

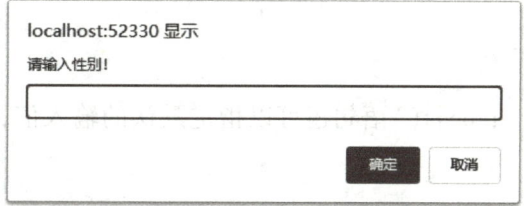

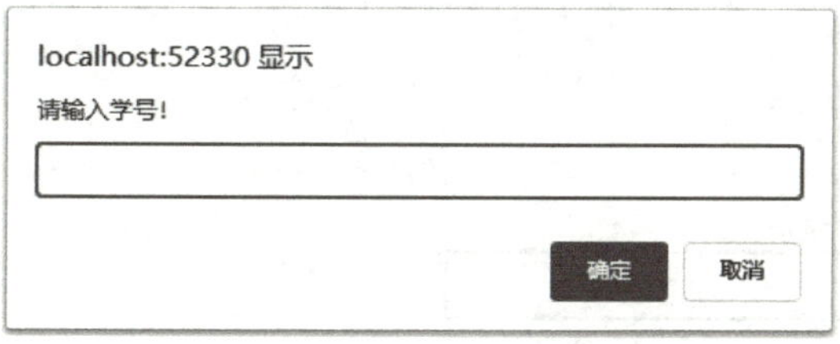

图 3-3　输入学号

图 3-4　输入班级

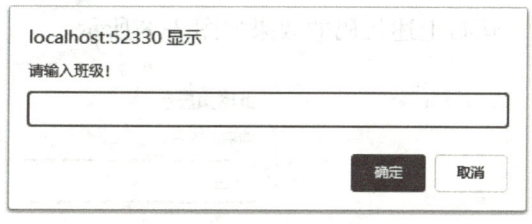

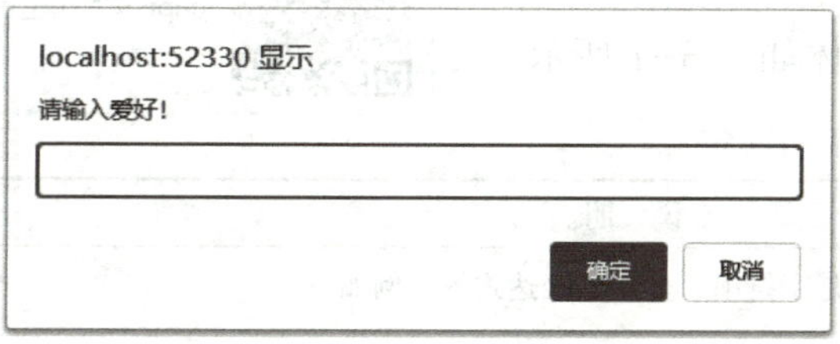

图 3-5　输入爱好

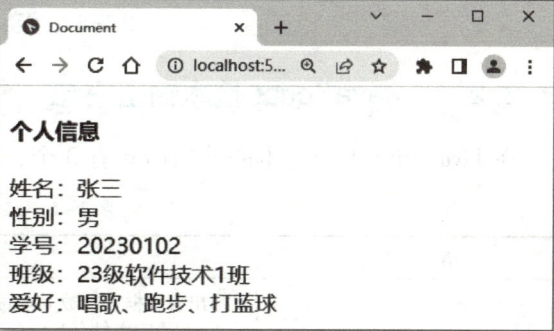

图 3-6　输出学生信息

3.2 知识学堂

3.2.1 JavaScript 基本输入语句

码3-2　JavaScript 基本输入语句

在 JavaScript 中，可以通过 prompt( ) 语句获取用户输入的内容，其语法格式为：prompt（"提示信息"，"默认值"），其示例代码如下：

```
<script>
    prompt('请输入姓名！');
</script>
```

运行上述代码的效果如图 3-7 所示。

图 3-7　输入框

prompt( ) 语句还可以指定默认的输入值，如默认输入的姓名为"张三"，则 JavaScript 代码如下：

```
<script>
    prompt('请输入姓名！','张三');
</script>
```

运行上述代码的效果如图 3-8 所示。

图 3-8　带默认值的输入框

3.2.2 JavaScript 基本输出语句

码3-3　JavaScript 基本输出语句

在 JavaScript 中，基本的输出语句有 3 个，具体如表 3-1 所示。

表 3-1　基本输出语句

语　句	说　明
alert(msg)	弹出警告框，参数 msg 可以是字符串、变量、表达式等。例如： alert('请输入姓名！'); let name='张三' alert(name); alert('你的姓名是：'+name);

(续)

语句	说明
document.write(msg)	在页面上输出内容，参数 msg 可以是字符串、变量、表达式等，参数 msg 中可包含 HTML 代码，浏览器将会解析 HTML 代码。例如： document.write('图书详细信息')； let bookName='Web 前端技术'； document.write(bookName)； document.write('\<b\>图书名称：\</b\>'+bookName)；
console.log(msg)	在控制台输出内容，参数 msg 可以是字符串、变量、表达式等。例如： console.log('请输入姓名！')； let name='张扬'； console.log(name)； console.log('你的姓名是：'+name)；

3.2.3 JavaScript 变量

码 3-4 JavaScript 变量

1. 变量的概念

变量是存储数据的"容器"，即程序在内存中声明的一块用来存放数据的空间。例如，程序在内存中保存数字"5"和字母"A"，示意图如图 3-9 所示。

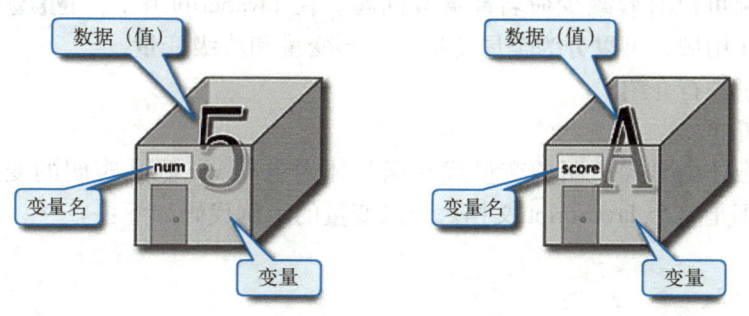

图 3-9 数据存储

在图 3-9 中，存放在"小房子"里面的是"数据（值）"，小房子相当于变量，房间号相当于变量名。

2. 变量的命名规则

在对变量命名时，需要遵循变量的命名规则，避免代码出错，提高代码的可读性。
变量的命名规则具体如下：
1）变量名通常由字母、数字、下画线（_）、美元符号（$）组成，但不能以数字开头。
2）变量名对大小写是敏感的，如 Name 和 name 是两个不同的变量。
3）变量名不能是保留关键字，详细请扫二维码查看。
4）变量名要尽量做到"见名知义"，如 age 表示年龄。
5）如果变量名由多个单词组成，则可以使用以下方式：
驼峰命名法：第一个单词小写，后续单词首字母大写，例如 firstName、lastName。
下画线命名法：所有单词小写，用下画线连接，例如 first_name、last_name。

3. 变量的声明及使用

在 JavaScript 中，可以使用 var 和 let 关键字来声明变量。在全局作用域或局部作用域中，使用 var 关键字声明的变量，都会被提升到该作用域的最顶部，这就是我们常说的变量提升。let 关键字是 ES6 中引入的新特性，使用该关键字声明的变量在当前作用域中有效。

在使用变量时可以先声明再赋值，也可以在声明的同时给变量赋值，示例代码如下：

```
let name='张扬',age;      //声明变量 name 并赋值，声明变量 age
age=20;                   //给变量 age 赋值
```

4. 变量的数据类型

JavaScript 是一种弱类型语言，变量的类型由其值的类型来决定，示例代码如下：

```
let str= "大家好！";      //变量 str 的类型为字符串类型
let number=25;            //变量 number 的类型为数字型
let isReg=true;           //变量 isReg 的类型为布尔类型
```

在上述代码中，变量 str 的类型是字符串类型，变量 number 的类型是数字型，变量 isReg 的类型是布尔类型。后续将会详细介绍 JavaScript 数据类型的知识。

5. 变量的作用域与分类

作用域是可访问的变量的集合，也可理解为是一个变量的生效范围。作用域机制可以有效减少命名冲突等问题。在 JavaScript 中，变量根据不同的作用域，可以分为全局变量、局部变量和块级变量，以下对这 3 种变量进行介绍。

码 3-5 变量的作用域与分类

（1）全局变量

不在任何函数体内显式声明的变量或在函数体内省略 var 隐式声明的变量都称为全局变量，它的有效范围是整个 JavaScript 文档。全局变量的示例代码如下：

```
<script>
    var a=3;
    function sum(){          //定义函数 sum
        b=4;
    }
    sum();                   //调用函数 sum
    console.log(a);
    console.log(b);
</script>
```

上述代码中，变量 a 和变量 b 都是全局变量，因此，执行上述代码后，在控制台均输出了相应的变量 a 和变量 b 的值，如图 3-10 所示。

（2）局部变量

在函数体内使用 var 关键字定义的变量称为局部变量，它的有效范围是函数体内。局部变量的示例代码如下：

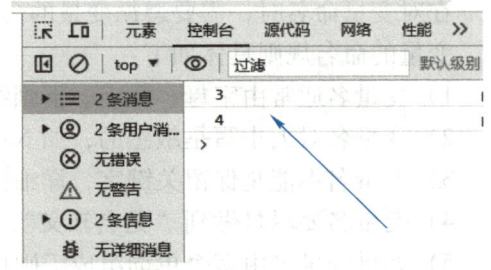

图 3-10 输出全局变量 a 和全局变量 b

```
<script>
    function test(){         //定义函数 test
```

```
                var a=5;                //声明局部变量 a
                console.log(a);         //在函数体内输出变量 a
            }
            test();
            console.log(a);             //在函数体外输出变量 a
        </script>
```

执行上述代码可以看到，在函数体内能够正常输出变量 a，而在函数体外输出变量 a 时，程序报错，显示变量 a 没有被定义，如图 3-11 所示。

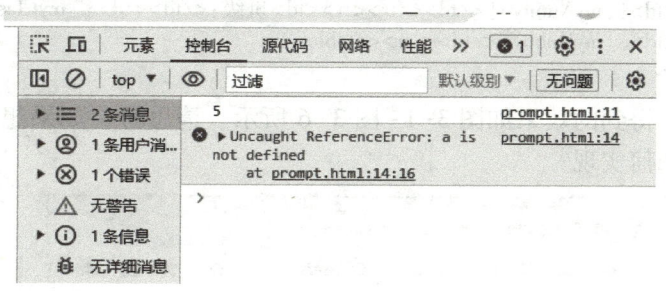

图 3-11 输出局部变量 a

（3）块级变量

使用 let 关键字声明的变量就是块级变量。使用块级变量具有提高代码的可读性、可维护性、安全性、性能、可移植性以及可重用性等好处，因此，后续均使用 let 关键字来声明变量。虽然，使用 let 关键字声明变量已经成为现代编程语言中的标准，但是，使用 let 关键字也需要注意变量作用域和生命周期的问题，以确保代码的正确性和稳定性。块级变量的示例代码如下：

```
        <script>
            if (1 == true) {
                var goods = '华为手机';           //使用 var 定义全局变量 goods
                let newGoods = '华为电脑';        //使用 let 定义块级变量 newGoods
                console.log(goods);              //输出结果：华为手机
                console.log(newGoods);           //输出结果：华为电脑
            }
            console.log(goods);                  //输出结果：华为手机
            console.log(newGoods);               //报错未定义：newGoods is not defined
        </script>
```

从上述的结果可知，在大括号"{}"外输出 newGoods 变量时会报错，这是因为 newGoods 变量是块级变量，它的作用域仅限于该块内部。

3.3 任务实施

根据分析可知，任务实施的具体步骤如下：
1) 创建 HTML 文档。
2) 在<body>与</body>标签之间嵌入<script>……</script>标签。
3) 使用输入语句 prompt() 获取学生姓名、性别、学号、班级、爱好等信息并存储在相应的变量中，然后使用输出语句 document.write() 输出相关信息，具体代码如下：

```
<script>
    let myName=prompt('请输入姓名！');
    let mySex=prompt('请输入性别！');
    let myNumber=prompt('请输入学号！');
    let myClass=prompt('请输入班级！');
    let myHobby=prompt('请输入爱好！');
    document.write("<h4>个人信息</h4>");
    document.write(`<table style=" width:300px;border:1px solid black;bordercollapse='collapse'"><tr><td>姓名：</td><td>${myName}</td></tr><tr><td>性别：</td><td>${mySex}</td></tr><tr><td>学号：</td><td>${myNumber}</td></tr><tr><td>班级：</td><td>${myClass}</td></tr><tr><td>爱好：</td><td>${myHobby}</td></tr></table>`);
</script>
```

运行上述代码，得到的效果如图3-1~图3-6所示。请思考，如果想要得到如图3-12所示的效果，则又该如何实现？

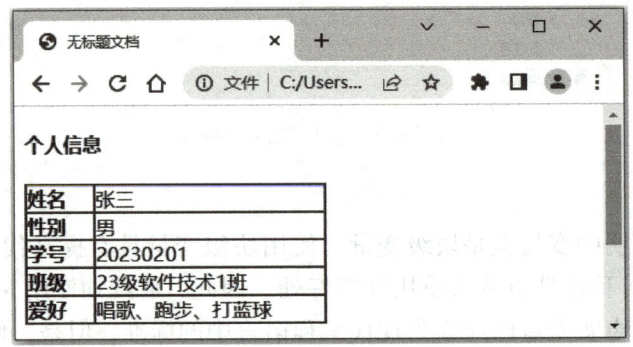

图3-12 项目扩展效果

3.4 证赛观测

1. 对接1+X"Web前端开发"职业技能等级证书情况

1）该任务所学知识对接"Web前端开发"职业技能等级要求（初级）的情况如下。

工作领域：2 JavaScript 网页编程。

工作任务：2.1 JavaScript 基础编程。

职业技能要求：2.1.2 能使用 JavaScript 基本语法、编码规范、数据类型、变量、运算符、流程控制语句等编写 JavaScript 程序。

2）该任务所学知识对接"Web前端开发"职业技能等级要求（高级）的情况如下。

工作领域：1. 静态网站制作。

工作任务：1.3 ES9 编程。

职业技能要求：1.3.1 能使用 let 和 const 关键字声明变量和常量。

2. 对接技能竞赛情况

同任务1的赛项。

3.5 课后练习

1．（单选题）向控制台输出字符串"Hello World！"对应的 JavaScript 语句是（   ）。

A. document.write("Hello World!");
B. response.write("Hello World!");
C. console.log("Hello World!");
D. alert("Hello World!");

2.（单选题）代码"let title=prompt('请输入标题！')"的作用是（　　）。
A. 弹出窗口输出字符串"请输入标题！"
B. 向控制台输出字符串"请输入标题！"
C. 在 Web 页面上输出字符串"请输入标题！"
D. 弹出输入框，并把输入的内容赋值给变量 title

3.（单选题）以下关于 JavaScript 变量命名的说法正确的是（　　）。
A. 变量名必须以字母开头
B. 变量名对大小写是敏感的
C. 变量名可以以数字开头
D. 变量名不能以"$"符号开头

4.（单选题）以下变量名不正确的是（　　）。
A. a2　　　　B. _Number　　　　C. $_abc　　　　D. 8b

5.（单选题）以下 4 个选项中，不属于 JavaScript 保留关键字的是（　　）。
A. let　　　　B. break　　　　C. var　　　　D. name

6.（操作题）使用 JavaScript 实现学生各科成绩的录入与输出，具体要求为：依次弹出输入框输入语文、数学、英语、物理、化学、历史 6 门课程的成绩，然后在页面上输出。本题的参考效果如图 3-13 所示。

成绩单

语文：93
数学：94
英语：89
物理：86
化学：90
历史：97

图 3-13　操作题效果

任务 4　输入商品单价和数量计算总金额

码 4-0　品故事悟道理：数据人生之变与人生抉择

【知识目标】

- 熟悉 JavaScript 数据类型分类；
- 了解数字型；
- 掌握字符串类型的应用；
- 掌握布尔类型的应用；
- 掌握 undefined 型和 null 型的应用；
- 掌握数据类型检测运算符 typeof 的应用；
- 掌握数据类型的转换。

【技能目标】

- 能够利用 isNaN( ) 函数判断变量是否为数字；
- 能够根据需要使用单、双引号嵌套和转义字符；
- 能够根据需要获取字符串长度以及访问字符串；
- 能够使用拼接符号 "+" 拼接内容；
- 能够根据需要进行数据类型的转换。

【素质目标】

- 培养学生良好的代码编写规范；
- 培养学生精益求精的工匠精神。

【知识导图】

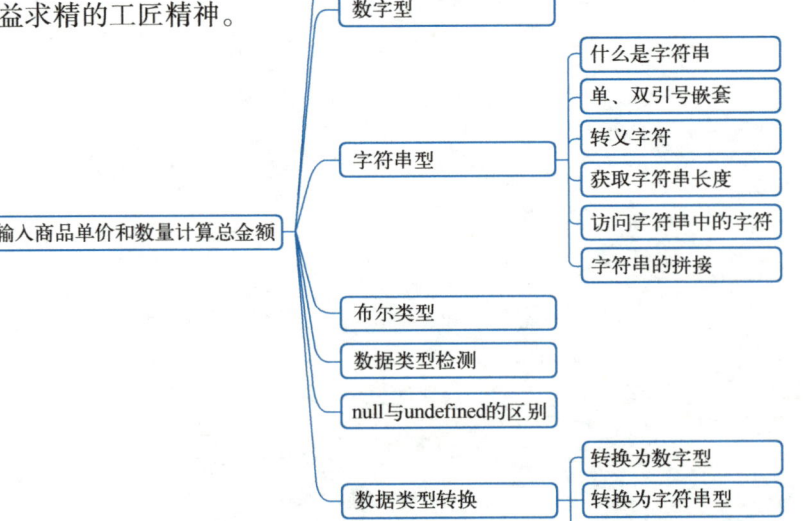

4.1 任务描述与分析

码 4-1 任务效果演示

该任务是根据输入的商品单价和商品数量计算总金额,并通过弹出窗口的方式输出计算结果。

根据描述可知,要实现该任务,首先要通过输入框输入商品的单价和数量,然后通过变量存储商品单价、数量和计算结果,最后通过弹出窗口的方式输出相关的信息。通过分析可知,要实现该任务需要掌握数据类型以及数据类型转换的相关知识。

根据上面描述可知,任务实现思路如下:

1)创建 HTML 文档。
2)嵌入 JavaScript 代码到创建的 HTML 文档中。
3)使用输入语句获取单价和数量,并存储在变量中。
4)转换数据类型并进行运算。
5)通过弹出窗口输出单价、数量和总金额信息。

任务的效果如图 4-1、图 4-2 和图 4-3 所示。

图 4-1 输入商品单价

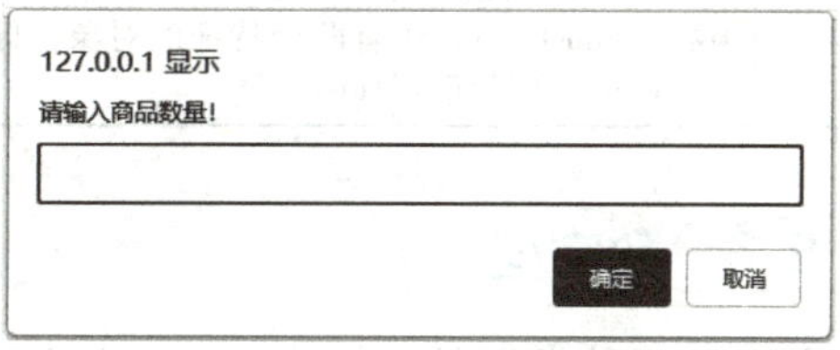

图 4-2 输入商品数量

图 4-3 输出总金额信息

4.2 知识学堂

4.2.1 数据类型

码 4-2 JavaScript 数据类型

在计算机中,不同的数据所占用的存储空间是不同的,为了充分利用存储空间,JavaScript 定义了不同的数据类型,如表 4-1 所示。

表 4-1 JavaScript 数据类型

类型	说明	示例

number	数字型,包含整型和浮点型	let num1=5; //整型
		let num2=1.5 //浮点型

(续)

类　型	说　明	示　例

string	字符串型，用双引号或单引号或反引号包裹	let str1="hello JavaScript"; //双引号包裹
		let str2='hello JavaScript'; //单引号包裹
		let str3=`<p>天道酬勤</P>`; //反引号包裹，表示模板字符串

boolean	布尔型，包含 true 和 false 两个布尔值	let bool1=true; //表示真
		let bool2=false //表示假

undefined	未定义型，只有一个值 undefined。例如：
	声明了一个变量，但没有赋值；
	访问对象上不存在的属性；
	函数定义了形参，但没有传递实参；
	使用 void 对表达式求值
		let a=undefined; //变量 a 的值为 undefined
		let b; //声明变量 b 但未赋值，此时变量 b 的类型为 undefined

null	空型，只有一个值 null	let n=null //变量 n 的值为 null

symbol	标记或符号型，ES6 引入的一种新的基本数据类型，用于表示独一无二的值	let a=Symbol("hi"); //变量 a 的值为 Symbol("hi")
		let b=Symbol("hi"); //变量 b 的值为 Symbol("hi")
		console.log(a==b); //结果为 false，说明即使参数相同，但返回值不相等

object	对象型，包括对象（Object）、数组（Array）、函数（Function），还有两个特殊的对象，即正则（RegExp）和日期（Date）	let obj = {"name":"张三","age":18} //变量 obj 的类型为 object 类型

4.2.2　数字型

数字型是一种常用的数据类型，可以用来保存整数或浮点数（小数），示例代码如下：

```
let num=20;      //变量 num 保存整数
let pi=3.14;     //变量 pi 保存浮点数(小数)
```

JavaScript 中，提供函数 isNaN() 用于判断一个变量是否为非数字。如果返回的值为 true，则表示该变量的值为非数字；如果返回的值为 false，则表示该变量的值为数字。函数 isNaN() 的示例代码如下：

```
let age=18;
console.log(isNaN(age));        //返回的结果为 false
let str="JavaScript";
console.log(isNaN(str));        //返回的结果为 true
```

4.2.3　字符串型

1. 什么是字符串

字符串就是连续的字符序列，由数字、字母和符号组成。字符串中的每个字符只占用一个字节。在 JavaScript 内用单引号、双引号或者反引号（ES6 引入的新方法，用于表示模板字符串）包裹字符串。字符串的示例代码如下：

```
let str1="宝剑锋从磨砺出，梅花香自苦寒来";
let str2='宝剑锋从磨砺出，梅花香自苦寒来';
let str3='this <b>is</b> test';
```

2. 单、双引号嵌套

单、双引号嵌套规则为：单引号里嵌套双引号；双引号里嵌套单引号。单、双引号嵌套的示例代码如下：

```
//如需在页面上输出：I am a "programmer"
let str1 ='I am a "programmer"'
document.write(str1);
//如需在页面上输出：I am a 'programmer'
let str2 ="I am a 'programmer'"
document.write(str2);
```

3. 转义字符

转义字符就是能够改变字符原本意义的特殊字符，它表示一些特殊的字符或者字符组合，这些字符在正常情况下无法直接表示或输入到代码中。常用的 JavaScript 转义字符如表 4-2 所示。

表 4-2 常用 JavaScript 转义字符

转义字符	输 出
\'	单引号
\"	双引号
\\	反斜杠
\n	换行
\r	回车
\t	制表符
\b	退格符
\f	换页符

4. 获取字符串长度

字符串的长度就是字符的数量，通常通过字符串的 length 属性获取。获取字符串长度的示例代码如下：

```
let str1 ='我们要把命运掌握在自己手中，就要有志不改、道不变的坚定。';
let str2 ="Happiness comes out of arduous work";
console.log(str1.length);    //str1 的长度是 28
console.log(str2.length);    //str2 的长度是 35
```

 说明：

一个空格符算一个字符。

5. 访问字符串中的字符

在某些时候，需要访问字符中的某些字符，此时可以按照以下语法格式来访问。

```
str[index]
```

 说明：

str 为要访问的字符串；index 是字符串索引，需要注意的是索引从 0 开始，一直到最后一个字符的索引，即长度减 1，如果索引超出了最大值，则会返回 undefined。访问字符串中字符的示例代码如下：

```
let str='奋斗的青春最美丽';
console.log(str[0],str[1]);      //输出结果是：奋斗
console.log(str[100]);           //输出的结果是：undefined
```

6. 字符串的拼接

在 JavaScript 开发的过程中，字符串的拼接应用得非常多，主要是使用"+"进行拼接，需要注意的是，如果数据类型不同，则拼接前会把其他类型转换成字符串类型，再拼接成一个新的字符串。字符串拼接的示例代码如下：

```
let str1="好好学习";
let str2="天天向上";
console.log(str1+" "+str2);      //输出的结果是：好好学习 天天向上
```

4.2.4 布尔类型

布尔类型表示逻辑实体，它只有 true 和 false 两个值，分别代表真和假两种状态。在使用过程中，如果布尔对象无初始值或者其值为 0、null、""、false、undefined、NaN，那么对象的值为 false，其余所有的值包括所有的对象、数组等都会转换成 true。另外，当布尔值和数字型相加时，true 会转换为 1，false 会转换为 0。布尔类型的示例代码如下：

```
console.log(true+1);     //输出结果：2
console.log(false+1);    //输出结果：1
```

布尔值主要应用于条件语句、循环语句、逻辑运算符、关系运算符等，示例代码如下：

```
if(a>1){
    //条件为 true 时，执行此处的代码
}else{
    //条件为 false 时，执行此处的代码
}
```

4.2.5 数据类型检测

在 JavaScript 开发中，有时需要检测变量或操作参数的数据类型，可以使用 typeof 运算符来实现。typeof 是一个运算符，它有两种使用方式：typeof(表达式)和 typeof 变量名，第一种是对表达式做运算，第二种是对变量做运算。数据类型检测的示例代码如下：

```
console.log(typeof a);            //输出结果：undefined
console.log(typeof(true));        //输出结果：boolean
console.log(typeof '123');        //输出结果：string
console.log(typeof 123);          //输出结果：number
console.log(typeof NaN);          //输出结果：number
console.log(typeof null);         //输出结果：object
let obj = new String();
console.log(typeof(obj));         //输出结果：object
let fn = function(){};
console.log(typeof(fn));          //输出结果：function
console.log(typeof(class c{}));   //输出结果：function
```

4.2.6 null 与 undefined 的区别

null 表示一个空值或空对象指针，它是一种用来表示对象不存在或已被删除的值；

undefined 表示一个变量已声明但尚未被赋值，或者访问对象属性时该属性不存在。

null 是一个关键字，可以赋给变量，表示变量的值为空；undefined 是一个全局变量（undefined）或者是一个未初始化的变量值。

undefied 和 null 进行比较时，使用==判断的结果为真，因为二者的值是相等的；但是使用===判断时，结果为 false，因为它们的类型不一致。

4.2.7 数据类型转换

码4-3　数据类型转换

数据类型转换就是把一种数据类型转换成另一种数据类型。例如通过表单、prompt 等方式获取到的数据默认是字符串类型的，因此，需要先把数据转换成数字型，再进行算术运算。

在 JavaScript 中，数据类型转换主要是通过相关函数来实现的，具体如表 4-3、表 4-4 和表 4-5 所示。

表 4-3　转换为数字型

方式	说明	示例
parseInt(a)	将 a 转换为整型	let a='20';　//变量 a 为字符串类型 a= parseInt(a);　//类型转换 console.log(typeof a);//输出结果为 number
parseFloat(a)	将 a 转换为浮点型	let a='3.14';　//变量 a 为字符串类型 a= parseFloat(a);　//类型转换 console.log(typeof a);//输出结果为 number
Number(a)	将 a 强制转换成数字型	let a="15";　//变量 a 为字符串类型 a= Number(a);　//强制类型转换 console.log(typeof a);//输出结果为 number
隐式转换	利用算术运算符（-、*、/）隐式转换	console.log('10'-2);//输出结果为 8，说明字符串 10 已被隐式转换为数字型并进行了算术运算

表 4-4　转换为字符串型

方式	说明	示例
toString(a)	将 a 转换为字符串	let a=2.5;　//变量 a 为数字型 a= a.toString();　//类型转换 console.log(typeof a);//输出结果为 string
String(a)	将 a 转换为字符串	let a=10;　//变量 a 为数字型 a= String(a);　//类型转换 console.log(typeof a);//输出结果为 string

"+" 拼接字符串	和字符串拼接的结果都是字符串	let a=1.68;//变量 a 为数字型
		a=a+"";
		console.log(typeof a);//输出结果为 string

表 4-5　转换为布尔型

方式	说明	示例

Boolean(a)	将 a 转换成布尔型。注意，空值和表示否定的值会被转换为 false，其余值会被转换为 true	console.log(Boolean(""));//输出结果：false
		console.log(Boolean(0));//输出结果：false
		console.log(Boolean(NaN));//输出结果：false
		console.log(Boolean(null));//输出结果：false
		console.log(Boolean(undefined));//输出结果：false
		console.log(Boolean("你好"));//输出结果：true
		console.log(Boolean(12));//输出结果：true

4.3 任务实施

根据分析可知,任务实施的具体步骤如下:
1)创建 HTML 文档 item-4.html。
2)在<body>与</body>标签之间嵌入<script>……</script>标签。
3)使用输入语句 prompt()获取商品单价和数量。
4)把获取的单价和数量转换为数字型并进行计算。
5)通过弹出窗口的方式输出单价、数量和总金额信息。

本任务的具体代码如下:

```javascript
<script>
    //输入商品单价并存入 price 变量
    let price=prompt('请输入商品单价!');
    //输入商品数量并存入 amount 变量
    let amount=prompt('请输入商品数量!');
    //使用 Number()函数把变量 price 和 amount 的值转换为数字型,然后进行乘法运算
    let totalPrice=Number(price)*Number(amount);
    //弹出窗口输出单价、数量、总金额信息
    alert("商品单价是:"+price+"\n 商品数量是:"+amount+"\n 总金额是:"+totalPrice);
</script>
```

4.4 证赛观测

1. 对接1+X"Web 前端开发"职业技能等级证书情况

该任务所学知识对接"Web 前端开发"职业技能等级要求(初级)的情况如下。

工作领域:2 JavaScript 网页编程。

工作任务:2.1 JavaScript 基础编程。

职业技能要求:2.1.2 能使用 JavaScript 基本语法、编码规范、数据类型、变量、运算符、流程控制语句等编写 JavaScript 程序。

2. 对接技能竞赛情况

同任务1的赛项。

4.5 课后练习

1.(单选题)以下 JavaScript 代码输出的结果是(   )。

```javascript
let a;
console.log(typeof a)
```

A. null   B. undefined   C. number   D. string

2.(单选题)以下 JavaScript 代码输出的结果是(   )。

```javascript
let b='4';
let c='5';
console.log(b+c);
console.log(c-b);
```

A. 45 1 B. 9 1 C. 45 5-4 D. 9 5-4

3. (单选题) 以下 4 个选项中,输出的结果与另 3 个不一样的是(   )。
A. console.log(typeof(a="3")) B. console.log(typeof(b=2))
C. console.log(typeof(6+"3")) D. console.log(typeof(String(5)))

4. (单选题) 以下 4 个选项中,输出的结果不是 number 的是(   )。
A. let a="3";console.log(typeof parseInt(a));
B. let c="3";console.log(typeof parseFloat(c));
C. let d="5"-3;console.log(typeof(Number(d)));
D. let b="5"+1;console.log(typeof b);

5. (多选题) 能够在页面上输出 I'm a programmer!的是(   )。
A. console.log("I'm a programmer!");   B. console.log("I\'m a programmer!");
C. console.log('I\'m a programmer!');   D. console.log('I'm a programmer!');

6. (操作题) 使用 JavaScript 实现:输入并显示年龄,效果如图 4-4 和图 4-5 所示。

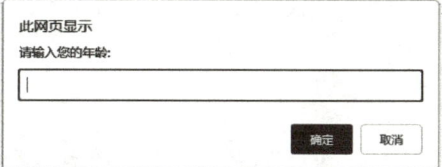
图 4-4 输入年龄

图 4-5 显示年龄

7. (操作题) 使用 JavaScript 实现:输入出生年份并显示年龄,效果如图 4-6 和图 4-7 所示。

图 4-6 输入出生年份

图 4-7 显示年龄

8. (操作题) 使用 JavaScript 制作一个简单的加法器,效果如图 4-8、图 4-9 和图 4-10 所示。

图 4-8 输入第一个数值

图 4-9 输入第二个数值

图 4-10 显示计算结果

任务 5　　制作简单运算器

【知识目标】
- 掌握算术运算符的应用；
- 掌握比较运算符的应用；
- 掌握逻辑运算符的应用；
- 掌握赋值运算符的应用；
- 掌握条件运算符的应用；
- 了解运算符优先级。

码 5-0　品故事悟道理：代码中的"运算"人生

【技能目标】
- 能够运用算术运算符进行算术运算；
- 能够运用比较运算符进行比较运算；
- 能够运用逻辑运算符对多条件进行运算；
- 能够根据需求运用赋值运算符进行赋值；
- 能够根据需求运用条件运算符实现不同的业务逻辑。

【素质目标】
- 培养学生科学严谨的态度；
- 培养学生勇于探索的精神。

【知识导图】

制作简单运算器
- 算术运算符
- 比较运算符
- 逻辑运算符
- 赋值运算符
- 条件运算符
- 运算符优先级
- eval( )函数

5.1　任务描述与分析

码 5-1　任务效果演示

本任务是使用 JavaScript 运算符及相关知识，设计制作一个简单的算术运算器。

根据任务描述可知，要实现该任务，首先要通过输入框输入第 1 个数，接着输入运算符，然后再输入第 2 个数，最后把运算结果在页面上输出。通过分析可知，完成本任务需掌握 JavaScript 运算符相关知识。

根据上面描述可知，任务实现思路如下：
1）创建 HTML 文档。
2）嵌入 JavaScript 代码到创建的 HTML 文档中。
3）获取输入的第 1 个数。
4）获取算术运算符。
5）获取输入的第 2 个数。

6）计算并输出结果到页面上。

本任务的效果如图 5-1、图 5-2、图 5-3 和图 5-4 所示。

图 5-1　输入第 1 个数　　　　　　　　图 5-2　输入算术运算符

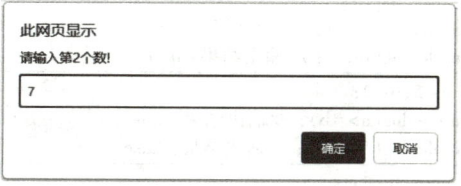 

图 5-3　输入第 2 个数　　　　　　　　图 5-4　输出运算结果

5.2　知识学堂

运算符也称为操作符，它是用于实现赋值、比较、执行运算等功能的符号。常见的运算符有算术运算符、比较运算符、逻辑运算符、赋值运算符、条件运算符等。

5.2.1　算术运算符

算术运算符用于对两个变量或值进行算术运算，常见的算术运算符如表 5-1 所示。

码 5-2　算术运算符

表 5-1　算术运算符

运算符	说明	示例
+	加，主要用于加法运算	let a=5,b=2; console.log(a+b);//输出结果：7
-	减，主要用于减法运算	let a=5,b=2; console.log(a-b);//输出结果：3
*	乘，主要用于乘法运算	let a=5,b=2; console.log(a*b);//输出结果：10
/	除，主要用于除法运算	let a=5,b=2; console.log(a/b);//输出结果：2.5
%	求余（取模），主要用于求余数	let a=5,b=2; console.log(a%b);//输出结果：1

++	递增，每执行一次增加 1，通常与变量结合使用。如++i 称为前置递增，i++ 称为后置递增	let i=3,j=3;
		console.log(++i);//输出结果：4（先加1，再输出变量i）
		console.log(j++);//输出结果：3（先输出变量i，再加1）

--	递减，每执行一次减 1，通常与变量结合使用。如--i 称为前置递减，i-- 称为后置递减	let i=3,j=3;
		console.log(--i);//输出结果：2（先减1，再输出变量i）
		console.log(j--);//输出结果：3（先输出变量j，再减1）

5.2.2 比较运算符

比较运算符也称关系运算符，主要用于对两个数据进行比较，其结果是一个布尔值（true 或 false），常见的比较运算符如表 5-2 所示。

码 5-3 比较运算符

表 5-2 比较运算符

运算符	说明	示例

>	大于	let a=8,b=5;
		console.log(a>b);//输出结果：true
		console.log(a>10);//输出结果：false

<	小于	let a=5,b=10;
		console.log(a<b);//输出结果：true
		console.log(b<a);//输出结果：false

>=	大于等于	let a=5,b=2;
		console.log(a>=b);//输出结果：true
		console.log(5>=6);//输出结果：false

<=	小于等于	let a=7,b=3;
		console.log(a<=b);//输出结果：false
		console.log(a<=7);//输出结果：true

==	等于	let a=2,b=2;
		console.log(a==b);//输出结果：true
		console.log(5==4);//输出结果：false

!=	不等于	console.log(3!=2);//输出结果：true
		console.log(3!=3);//输出结果：false

===	全等（要同时比较值和数据类型）	let a=3,b=3;
		console.log(a===b);//输出结果：true
		let i=6,j='6';
		console.log(i===j);//输出结果：false

!==	不全等（要同时比较值和数据类型）	let a=3,b=3;
		console.log(a!==b);//输出结果：false
		let i=6,j='6';
		console.log(i!==j);//输出结果：true

5.2.3 逻辑运算符

逻辑运算符（也称为布尔运算符）用于对布尔值进行运算，其返回值也是布尔值，通常用于条件判断。常见的布尔运算符如表 5-3 所示。

码 5-4 逻辑运算符

表 5-3 布尔运算符

运算符	说明	示例

&&	与（可以理解为而且、并且），其运算规则是：
	当条件表达式中所有条件为 true 时，运算结果为 true；当条件表达式中有一个条件为 false 时，运算结果为 false
		console.log(3>2 && 5<7);//结果：true
		let user="test",pwd="123";
		console.log(user=="test" && pwd=="1234");
		//结果：false

||	或（可以理解为或者），其运算规则是：
	当条件表达式中只要有一个条件为 true 时，运算结果为 true；当条件表达式中所有条件为 false 时，运算结果为 false
		let age=18;
		let height=160;
		console.log(age>=18 || height>=170);
		//结果：true

!	非（可以理解为取反），即 true 取反后变成 false，false 取反后变成 true	let a=true; console.log(!a) //结果：false

5.2.4 赋值运算符

赋值运算符用于将右边的值赋给左边的变量,常见的赋值运算符如表 5-4 所示。

码 5-5 赋值运算符

表 5-4 赋值运算符

运 算 符	说　　　明	示　　　例

=	赋值	let a=8;//把数字8赋给变量a
		console.log(a);//输出结果:8

+=	加并赋值(连接并赋值)	let a=5;
		a+=2;//相当于a=a+2
		console.log(a);//输出结果:7

-=	减并赋值	let a=5;
		a-=2;//相当于a=a-2
		console.log(a);//输出结果:3

*=	乘并赋值	let a=5;
		a*=2;//相当于a=a*2
		console.log(a);//输出结果:10

/=	除并赋值	let a=5;
		a/=2;//相当于a=a/2
		console.log(a);//输出结果:2.5

%=	求余并赋值	let a=5;
		a%=2;//相当于a=a%2
		console.log(a);//输出结果:1

5.2.5 条件运算符

条件运算符也称三元运算符,它根据给定的条件来判断并返回运算结果,其具体的用法如表 5-5 所示。

码 5-6 条件运算符

表 5-5 条件运算符

运 算 符	说　　　明	示　　　例

?:	1) 基本语法:条件表达式?表达式1:表达式2
	如果条件表达式为 true,则返回表达式 1 的执行结果;如果条件表达式为 false,则返回表达式 2 的执行结果
	2) 嵌套语法:条件表达式 1?表达式 1:条件表达式 2?表达式 2:表达式 3
	如果条件表达式 1 为 true,则返回表达式 1 的执行结果;否则判断条件表达式 2,如果条件表达式 2 为 true,则返回表达式 2 的执行结果,否则返回表达式 3 的执行结果
		let age=20;
		let result=age>=18?'已成年':'未成年';
		console.log(result);
		//输出结果:已成年
		//如果把变量 age 的值改为小于 18,则输出结果:未成年

5.2.6 运算符优先级

JavaScript 运算符优先级是一套规则,该规则在计算表达式时控制运算符执行的顺序,优先级高的运算符比优先级低的运算符先执行。请读者扫描二维码了解 JavaScript 运算符的优先级。

5.2.7 eval()函数

eval()函数是全局对象的一个函数属性,该函数用来执行一个字符串表达式,并返回表达式的值。eval()函数的示例代码如下:

码5-7 eval()函数

```
<script>
    let num1="2";
    let num2="3";
    let opt="+";
    console.log(num1+opt+num2); //输出结果:2+3
    console.log(eval(num1+opt+num2));//输出结果:5
</script>
```

5.3 任务实施

根据分析可知,任务实施的具体步骤如下:

1) 创建HTML文档。
2) 在<body>与</body>标签之间嵌入<script>……</script>标签。
3) 使用输入语句prompt()获取输入的第1个数,并使用Number()函数将其强制转换为数字型后赋值给变量number1。
4) 使用输入语句prompt()获取输入的算术运算符。
5) 使用输入语句prompt()获取输入的第2个数,并使用Number()函数将其强制转换为数字型后赋值给变量number2。
6) 使用条件运算符实现不同的运算符执行不同的运算表达式,并把运算的结果保存在变量result中。
7) 在页面上输出运算结果。

本任务的具体代码如下:

```
<script>
    let number1=Number(prompt('请输入第1个数!'));
    let opt=prompt('请输入运算符(+、-、*、/、%)!');
    let number2=Number(prompt('请输入第2个数!'));
    result=opt=='+'?number1+number2
        :opt=='-'?number1-number2
        :opt=='*'?number1*number2
        :opt=='/'?number1/number2
        :opt=='%'?number1%number2
        :'你输入的运算符不合法!';
    document.write("<h3>算术运算</h3>");
    document.write(number1+opt+number2+'='+
        '<span style="color:red;font-weight:bold;">'+result+'</span>');
</script>
```

思考并实践:如何使用eval()函数实现本项目的运算器。

5.4 证赛观测

1. 对接1+X"Web前端开发"职业技能等级证书情况

该任务所学知识对接"Web前端开发"职业技能等级要求（初级）的情况如下。

工作领域：2 JavaScript 网页编程。

工作任务：2.1 JavaScript 基础编程。

职业技能要求：2.1.2 能使用 JavaScript 基本语法、编码规范、数据类型、变量、运算符、流程控制语句等编写 JavaScript 程序。

2. 对接技能竞赛情况

同任务1的赛项。

5.5 课后练习

1. （单选题）在 JavaScript 代码"var a=8%3;"中，变量 a 的值是（　　）。
  A. 2   B. 3   C. 2.66   D. 2.67

2. （单选题）以下 JavaScript 代码输出的结果是（　　）。

```
let num1='4';
let num2='5';
let opt='+';
console.log(eval(num1+opt+num2));
```

  A. 45   B. 4+5   C. 9   D. 什么都没有输出

3. （单选题）以下代码输出的结果是（　　）。

```
let a=3;
console.log(a*=2);
```

  A. 3   B. 2   C. 5   D. 6

4. （单选题）以下代码输出的结果是（　　）。

```
let a=3,b=10;
console.log(a>=3 && 5>b);
```

  A. true   B. false   C. 0   D. 1

5. （单选题）以下4个选项中，输出结果是 true 的有（　　）。
  A. console.log(a>0);   B. console.log(5>6);
  C. let a=false;console.log(!a);   D. let b=true;console.log(!b);

6. （操作题）使用 JavaScript 条件运算符实现奇偶数的判断：如果输入的数为奇数，则弹出窗口输出"你刚输入的数字是奇数"；如果输入的数为偶数，则弹出窗口输出"你刚输入的数字是偶数"。

7. （操作题）使用 JavaScript 模拟登录效果：在输入框中输入用户名和密码，如果输入的用户名是"abc"，而且密码是"123"，则弹出窗口输出"登录成功！"，否则弹出"你输入的用户名或密码不正确"。

任务 6　根据输入成绩评定等级

【知识目标】
- 了解什么是流程控制；
- 掌握单分支语句 if；
- 掌握双分支语句 if…else；
- 掌握多分支语句 if…else if；
- 掌握多分支语句 switch；
- 掌握 if 语句的嵌套应用。

码 6-0　品故事悟道理：从 JavaScript 分支领悟抉择智慧

【技能目标】
- 能够根据需求使用单分支语句对单个条件进行判断；
- 能够根据需求使用双分支语句对两个条件进行判断；
- 能够根据需求使用多分支语句对多个条件进行判断；
- 能够根据需求使用 if 语句的嵌套实现复杂的条件判断。

【素质目标】
- 培养学生的逻辑思维能力；
- 培养学生分析问题、解决问题的能力；
- 培养学生自主探究的能力。

【知识导图】

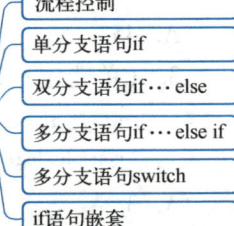

6.1　任务描述与分析

码 6-1　任务效果演示

本任务是编写 JavaScript 程序，实现成绩等级的评定。本任务具体的业务逻辑为：成绩大于或等于 90 分的为优秀，成绩大于或等于 80 分的为良好，成绩大于或等于 70 分的为中等，成绩大于或等于 60 分的为合格，成绩小于 60 分的为不及格。为了验证成绩的合法性，当输入的成绩小于 0 分或大于 100 分时，则输出"你的成绩不合法"。

根据描述分析可知，实现该功能需要使用双分支语句、多分支语句、if 语句嵌套、类型转换等知识。本任务具体的思路如下：

1）创建 HTML 文档。
2）嵌入 JavaScript 代码到创建的 HTML 文档中。
3）获取输入的成绩。
4）判断成绩的合法性。
5）判断成绩等级。

6）输出成绩等级。

7）使用超链接实现重新检测。

任务的效果如图 6-1 和图 6-2 所示。

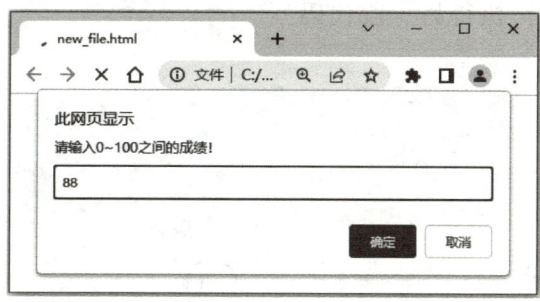

图 6-1　输入成绩

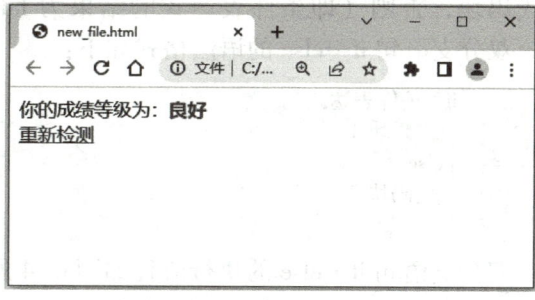

图 6-2　输出显示成绩等级

6.2　知识学堂

6.2.1　流程控制

流程控制就是控制代码按照既定的结构顺序来执行。流程控制主要分为 3 种结构，分别是顺序结构、分支结构和循环结构。以下对这 3 种结构进行简单介绍。

顺序结构：最基本、最简单的流程控制，它没有特定的语法结构，程序会按照代码位置的先后顺序依次执行，大部分的程序都存在顺序结构。

分支结构：根据条件来决定是否执行某个分支代码，常用的分支结构语句有单分支语句、双分支语句和多分支语句。

循环结构：根据条件决定是否重复执行某一段代码，常用的循环结构语句有 for、while 和 do…while。

6.2.2　单分支语句 if

码 6-2　单分支条件语句 if

单分支语句 if 是指当条件表达式的结果为 true 时，执行指定的代码块，否则跳过 if 语句，执行后继的代码。单分支语句 if 的语法格式如下：

```
if (条件表达式) {
    代码块
}
```

在上述的语法中，如果代码块只有一条语句时，则可省略大括号。单分支语句 if 的执行流程如图 6-3 所示。

单分支语句 if 的示例代码如下：

```
<script>
    let user = prompt('请输入用户名！');
    if (user == '' || user == null) {
        alert('用户名不能为空！')
    }
</script>
```

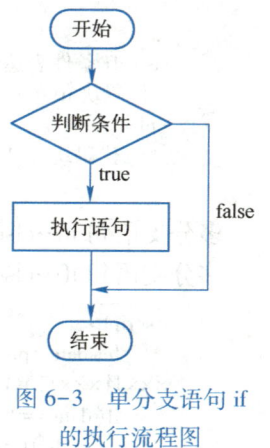

图 6-3　单分支语句 if 的执行流程图

6.2.3 双分支语句 if…else

双分支语句 if…else 是指当条件表达式的结果为 true 时，执行一段代码块，否则（即条件表达式的结果为 false）执行另一段代码块。双分支语句 if…else 的语法格式如下：

```
if(条件表达式){
    代码块1
}else{
    代码块2
}
```

码6-3 双分支语句 if…else

双分支语句 if…else 的执行流程如图6-4所示。

双分支语句 if…else 的示例代码如下：

```
<script>
    let time=prompt('世界环境日是每年的几月几号？(答题格式：×××月×××日)');
    if(time=='6月5日'){
        alert('你太棒了！')
    }else{
        alert('别灰心，继续努力！');
    }
</script>
```

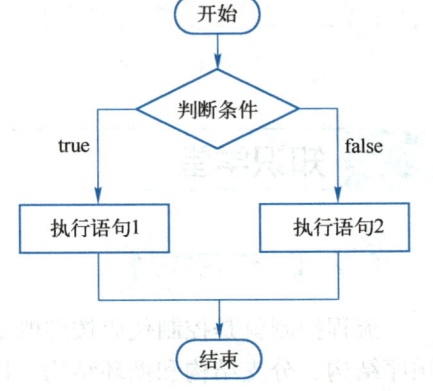

图6-4 双分支语句 if…else 的执行流程图

6.2.4 多分支语句 if…else if

多分支语句 if…else if 是指当条件表达式1的结果为 true 时，执行代码块1，否则继续判断条件表达式2，如果条件表达式2的结果为 true，则执行代码块2，依此类推。如果所有的条件表达式的结果都为 false，则执行最后一个 else 中的代码段 n+1。如果最后没有 else，则什么都不执行。多分支语句 if…else if 的语法格式如下：

码6-4 多分支语句 if…else if

```
if(条件表达式1){
    代码块1
}else if(条件表达式2){
    代码块2
}
    ⋮
else if(条件表达式 n){
    代码块 n
}else{
    代码块 n+1
}
```

多分支语句 if…else if 的执行流程如图6-5所示。

多分支语句 if…else if 的示例代码如下：

```
<script>
    let date=prompt('《中华人民共和国民法典》是哪年哪月哪日正式实施的？（答题格式：×××年×××月×××日)');
    if(date==''){
        alert('请输入您的答案！')
```

```
    }elseif(date=='2021年1月1日'){
        alert('回答正确!');
    }else{
        alert('回答错误!');
    }
</script>
```

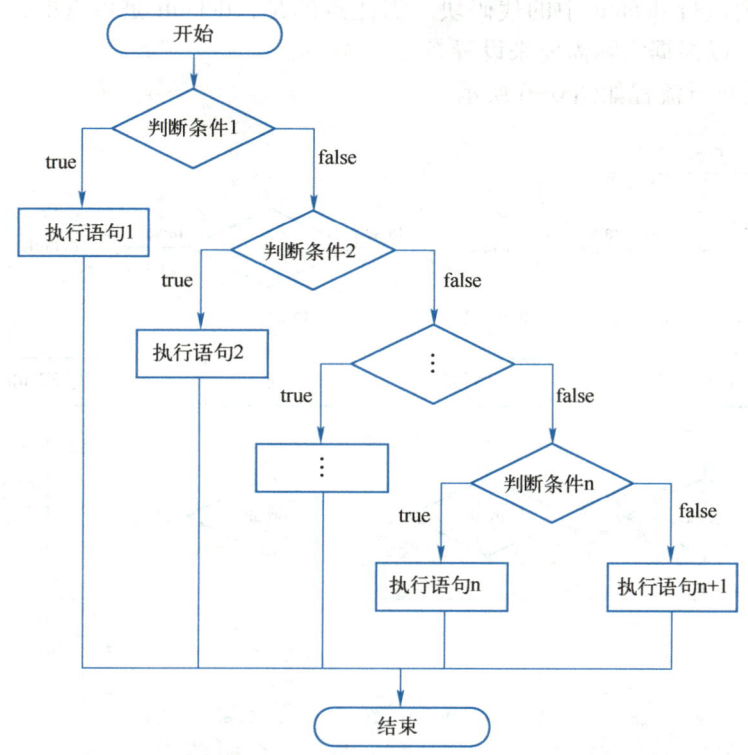

图 6-5 多分支语句 if…else if 的执行流程图

6.2.5 多分支语句 switch

码 6-5 多分支语句 switch

switch 语句是一种多分支语句,用于基于不同的条件执行不同的动作,其功能与 if…else if 语句相似,不同的是,switch 语句是根据表达式的值来判断执行哪个代码块的。在分支较多的情况下,使用 switch 语句,代码会更清晰和便于阅读,代码的执行效率也会更高。switch 语句的语法格式如下:

```
switch(表达式){
    case 常量表达式 1:
        代码块 1;
        break;
    case 常量表达式 2:
        代码块 2;
        break;
    ⋮
    case 常量表达式 n:
        代码块 n;
        break;
```

```
        default：
            代码块 n+1；
    }
```

上述语法中，首先计算表达式的值，然后将该值与 case 中常量表达式的值进行比较，如果相等，则执行该 case 对应的代码块，并通过 break 语句跳出 switch 语句。如果常量表达式中没有匹配的值，则执行 default 中的代码块。需注意的是，default 是可选的，表示默认情况下执行的代码块，可以根据实际需要来设置。

switch 语句的执行流程如图 6-6 所示。

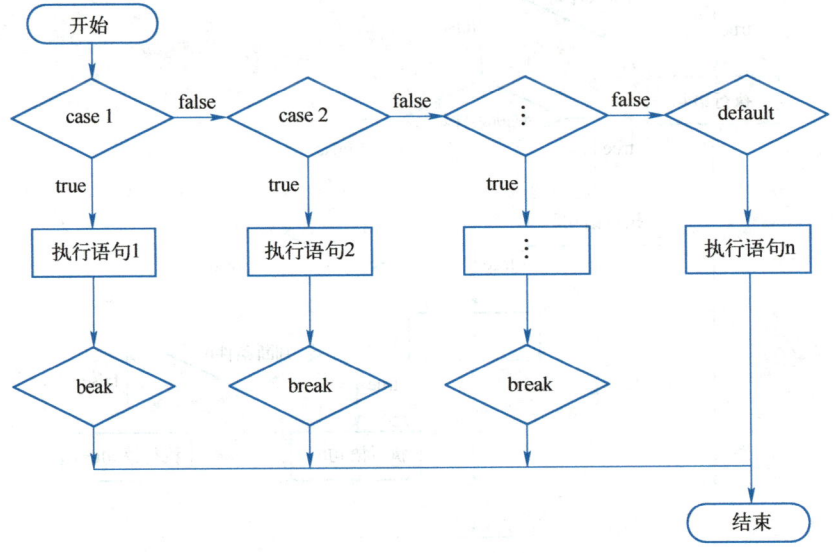

图 6-6　switch 语句的执行流程图

switch 语句的示例代码如下：

```
<script>
//实例化日期对象
let date=new Date();
//获取当前星期值（0~6），0 代表星期日，1 代表星期一，2 代表星期二，依此类推
let day=date.getDay();
let txt='';
switch（day）{
    case 1：
        txt='星期一';
        break；
    case 2：
        txt='星期二';
        break；
    case 3：
        txt='星期三';
        break；
    case 4：
        txt='星期四';
        break；
    case 5：
```

```
            txt='星期五';
            break;
        case 6:
            txt='星期六';
            break;
        default:
            txt='星期日';
            break;
    }
    document.write('今天是: '+'<span style="color:red;font-weight:bold;">'+txt+'</span>');
</script>
```

上述示例代码输出当前是星期几，因为今天是星期一，所以上述示例代码运行的结果如图 6-7 所示。

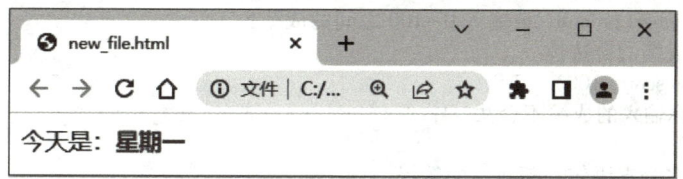

图 6-7 输出当前是星期几

6.2.6 if 语句嵌套

码 6-6 if 语句嵌套

if 语句中还可以包含一个或多个 if 语句，此种情况称为 if 语句的嵌套。if 语句嵌套的形式如下：

```
if(表达式 1){
    if(表达式 2){
        代码块 1
    }else{
        代码块 2
    }
}else{
    if(表达式 3){
        代码块 3
    }else{
        代码块 4
    }
}
```

思考并实践：为了鼓励车主多加油，加油站实行多加多优惠政策。具体优惠为：92 号汽油每升 7.5 元，如果加油量大于等于 20L，那么每升 7.2 元；95 号汽油每升 8.3 元，如果加油量大于或等于 40L，那么每升 8 元。编写 JavaScript 程序实现：用户输入汽油编号，接着输入加油量（L），最后在页面上显示本次加油的信息（汽油类型、加油量、单价和总金额）。

6.3 任务实施

根据分析可知，任务实施的具体步骤如下：
1) 创建 HTML 文档 item-6.html。

2）在<body>与</body>标签之间嵌入<script>……</script>标签。

3）使用输入语句 prompt( ) 获取输入的成绩，并使用 Number( ) 函数将其强制转换为数字型后赋值给变量 score。

4）使用双分支语句 if…else 判断输入成绩的合法性（输入的成绩要求在 0~100 之间）。如果不合法，则弹出提示信息；否则使用多分支语句 if…else if 判断成绩的等级。

5）使用 document.write( ) 语句输出成绩等级。

6）使用 document.write( ) 语句输出换行符。

7）使用 document.write( ) 语句输出超链接，实现重新检测功能。

本任务的参考代码如下：

```
<script>
//获取输入成绩并转为数字型
let score = Number( prompt('请输入 0~100 之间的成绩！'));
//判断输入成绩的合法性
if( score<0 || score>100) {
    level = '你输入的成绩不合法！';
} else {
    //使用多分支语句判断成绩的等级
    if( score>=90) {
        level = '优秀';
    } else if( score>=80) {
        level = '良好';
    } else if( score>=70) {
        level = '中等';
    } else if( score>=60) {
        level = '及格';
    } else {
        level = '不及格';
    }
}
document.write('你的成绩等级为:'+
    '<span style=" color:red;font-weight:bold;">'+level+'</span>');
document.write('</br>');
document.write('<a href="">重新检测</a>');
</script>
```

6.4 证赛观测

1. 对接 1+X"Web 前端开发"职业技能等级证书情况

该任务所学知识对接"Web 前端开发"职业技能等级要求（初级）的情况如下。

工作领域：2 JavaScript 网页编程。

工作任务：2.1 JavaScript 基础编程。

职业技能要求：2.1.2 能使用 JavaScript 基本语法、编码规范、数据类型、变量、运算符、流程控制语句等编写 JavaScript 程序。

2. 对接技能竞赛情况

同任务 1 的赛项。

6.5 课后练习

1. （单选题）运行以下代码输出的结果是（　　）。

   ```
   let a=5;if(a){console.log('hi');}
   ```

   A. hi B. 0 C. 1 D. 5

2. （单选题）运行以下代码输出的结果是（　　）。

   ```
   let a="";if(a==0){console.log("yes");}else{console.log("no");}
   ```

   A. no B. yes C. 什么都不输出 D. 直接报错

3. （单选题）以下4个选项中，哪项与下述代码等价？（　　）。

   ```
   if(a>10){rate=1.5;}else{rate=1.2;}
   ```

   A. let rate=1.5?1.2;
   B. let rate=a>10?1.2:1.5;
   C. let rate=a>10?1.5:1.2;
   D. let rate=1.5?a>10:1.2;

4. （单选题）以下代码输出的结果是（　　）。

   ```
   let a=45;
   switch(Math.floor(a/10)){
       case 9:
       case 8:console.log("A");break;
       case 7:console.log("B");break;
       case 6:console.log("C");break;
       default:console.log("D");
   }
   ```

   A. C B. D C. A D. B

5. （单选题）关于多分支语句switch，下面说法正确的是（　　）。
   A. 凡能用switch语句实现的分支控制都可以用if语句实现
   B. switch语句中不允许再使用switch语句
   C. 对于任何case子句，要执行它所属的语句，必须先进行条件判断
   D. continue和break都能用于switch语句中

6. （操作题）编写一个程序判断用户输入的整数是奇数还是偶数。

7. （操作题）编写一个程序判断用户输入的年份是闰年还是平年。（如果一个年份可以被4整除，不能被100整除，或者可以被400整除，则这个年份就是闰年；否则就是平年）

8. （操作题）编写程序，计算邮局汇款的汇费：如果汇款金额小于100元，则汇费为1元；如果金额在100~500元之间，则按1%收取汇费；如果金额大于500元，则汇费为50元。

9. （操作题）某加油站，每逢周五有优惠，92号汽油每升优惠2角，95号汽油每升优惠5角，92号汽油原价6.98/L，95号汽油7.49元/L。根据车主加油的升数，计算车主需要支付的金额。

10. （操作题）制订学习计划表，输入星期，然后提示今天学习什么课程。要求使用switch语句实现。

任务 7　使用玫瑰花图片制作菱形

【知识目标】
- 了解循环结构；
- 掌握 for 循环语句的语法结构和执行过程；
- 掌握 while 循环语句的语法结构和执行过程；
- 掌握 do…while 循环语句的语法结构和执行过程；
- 掌握循环嵌套的应用；
- 了解 continue 和 break 关键字。

码7-0　品故事悟道理：科学探索精神——面对困难不能轻易退缩

【技能目标】
- 能够根据需求应用 for 循环；
- 能够根据需求应用 while 循环；
- 能够根据需求应用 do…while 循环；
- 能够应用循环嵌套的知识解决较复杂的循环问题。

【素质目标】
- 培养学生分析问题、解决问题的能力；
- 培养学生学习的积极性；
- 培养学生良好的代码编写习惯；
- 培养学生严谨的逻辑思维。

【知识导图】

使用玫瑰花图片制作菱形
- 循环结构
- for循环语句
- while循环语句
- do…while循环语句
- 循环嵌套
- continue和break关键字

7.1　任务描述与分析

该任务是使用玫瑰花图片制作一个如图 7-1 所示的菱形。

根据任务描述及对效果图进行分析可知，要实现该任务的效果需要使用循环语句等知识，具体的实现思路如下：

1) 创建 HTML 文档。
2) 嵌入 JavaScript 代码到创建的 HTML 文档中。
3) 采用循环嵌套实现图形上半部分，即第 1~5 行。
4) 采用循环嵌套实现图形下半部分，即第 6~9 行。

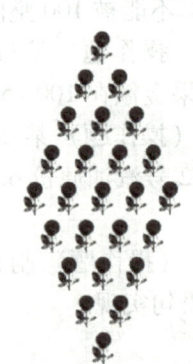

图 7-1　玫瑰花图形

7.2 知识学堂

7.2.1 循环结构

循环结构是指在程序中需要重复执行一个功能的程序结构,它根据循环条件确定是继续执行某个功能还是退出循环。常用的循环结构语句有 for、while、do…while 等。

7.2.2 for 循环语句

for 循环语句是最常用的一种循环结构,其语法格式如下:

码7-1 for 循环语句

```
for(初始化语句;条件表达式;步进语句){
    循环体
}
```

上述语法格式中,for 循环语句执行的过程如下:
① 初始化变量。
② 执行条件表达式。
③ 执行循环体。
④ 执行步进语句。通常会结合"++"或"--"运算符使用。
⑤ 执行条件表达式。
⑥ 执行循环体。
⑦ 重复执行④~⑥,一直到⑤条件表达式为 false 终止循环。
for 循环语句的流程图如图 7-2 所示。

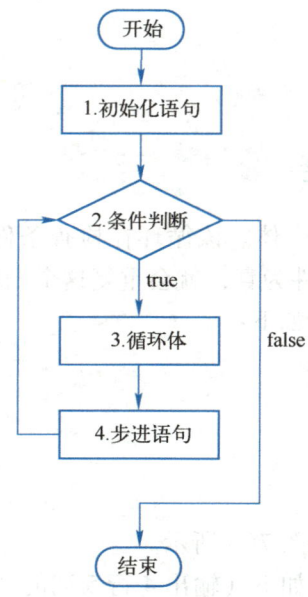

图 7-2 for 循环语句流程图

for 循环语句的示例代码如下(输出 4 行 5 列的"*"号):

```
<script>
for(let i=1;i<=20;i++){
    document.write("*");              //输出"*"号
    if(i%5==0){                       //当余数为0时,输出换行符
        document.write("<br/>");
    }
}
</script>
```

7.2.3 while 循环语句

while 循环是在指定条件为真时循环执行代码块,while 循环语句的语法格式如下:

码 7-2 while 循环语句

```
初始化语句;
while(条件表达式){
  循环语句;
    步进语句;
}
```

while 循环语句的流程图如图 7-2 所示。

while 循环语句的示例代码如下(输出 4 行 5 列的"*"号):

```
<script>
let i=1;                              //初始化变量 i
while(i<=20){                         //判断条件
    document.write("*");              //输出"*"号
    if(i%5==0){                       //当 i 能被 5 整除时,输出换行符
        document.write("<br/>");
    }
    i++;
}
</script>
```

7.2.4 do…while 循环语句

码 7-3 do…while 循环语句

do…while 循环是 while 循环的变体。该循环在检查条件是否为真之前会执行一次代码块,如果条件为真,就会重复这个循环。

do…while 循环语句的语法格式如下:

```
初始化语句;
do{
  循环语句;
    步进语句;
} while(条件表达式);
```

do…while 循环语句的流程图如图 7-3 所示。

do…while 循环语句的示例代码如下(输出 4 行 5 列的"*"号):

```
<script>
let i=1;                              //初始化变量 i
do{                                   //判断条件
    document.write("*");              //输出"*"号
```

```
            if(i%5==0){                    //当i能被5整除时,输出换行符
                document.write("<br />");
            }
            i++;
    }while(i<=20);
</script>
```

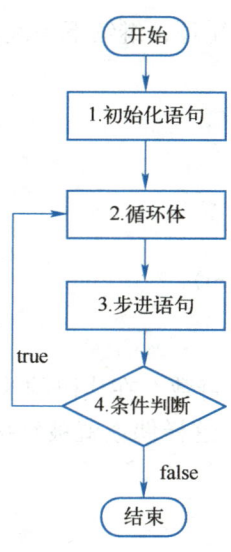

图 7-3　do…while 循环语句流程图

7.2.5　循环嵌套

码 7-4　循环嵌套

循环嵌套是指在一个循环语句的循环体中再定义一个循环语句的语法结构。for、while、do…while 语句都可以进行嵌套,并且它们之间也可以互相嵌套,如最常见的是在 for 循环中嵌套 for 循环,其语法格式如下:

```
for(初始化语句;条件表达式;步进语句){
    ⋮
    for(初始化语句;条件表达式;步进语句){
        执行语句
        ⋮
    }
}
```

循环嵌套的示例代码如下(输出 4 行 5 列的" * "号):

```
<script>
for(let i=1;i<=4;i++){
    for(let j=1;j<=5;j++){
        document.write(" * ");
    }
    document.write("<br />");
}
</script>
```

7.2.6 continue 和 break 关键字

当使用 while 或 for 循环时，如果想在不满足结束条件的情况下提前结束循环，则可以使用 continue 或 break 关键字。

码 7-5 continue 和 break 关键字

1. continue 关键字

continue 关键字用于立即跳出本次循环，继续下一次循环（代码会少执行一次）。

continue 示例代码如下：

```
<script>
    for(let i=1;i<=10;i++){
        if(i%2==0){
            continue;
        }
        console.log("我是奇数:"+i);
    }
</script>
```

上述代码为输出 1~10 之间的所有奇数。在代码的执行过程中，当变量 i 为偶数时，直接跳出本次循环，继续执行下一次循环，这样偶数就被直接跳过。continue 示例代码的运行结果如图 7-4 所示。

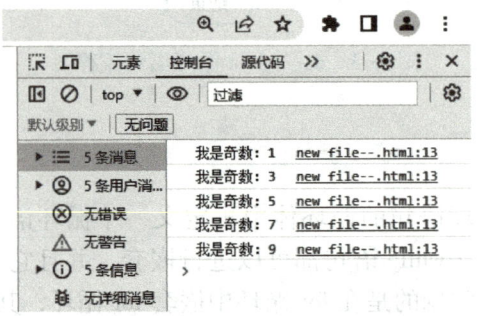

图 7-4 continue 示例代码运行结果

2. break 关键字

break 关键字用于立即跳出整个循环（循环结束）。

break 示例代码如下：

```
<script>
    for(let i=1;i<=10;i++){
        if(i==5){
            break;
        }
        console.log("我是数字:"+i);
    }
</script>
```

上述代码为输出 1~4 之间的所有数字。在代码的执行过程中，当变量 i 等于 5 时，直接跳出整个循环。break 示例代码的运行结果如图 7-5 所示。

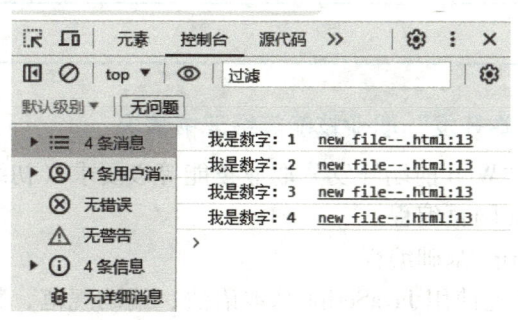

图 7-5　break 示例代码运行结果

7.3　任务实施

根据分析可知，任务实施的具体步骤如下：

1）创建 HTML 文档。

2）在<body>与</body>标签之间嵌入<script>……</script>标签。

3）使用 document.write() 语句输出<center>标签。

4）使用循环嵌套实现图形的上半部分，即第 1~5 行。其中，最外层循环用于控制行数，最内层循环用于控制输出玫瑰花朵的数量。

5）使用循环嵌套实现图形的下半部分，即第 6~9 行。其中，最外层循环用于控制行数，最内层循环用于控制输出玫瑰花朵的数量。

 说明：

读者也可以使用其他的写法实现本任务。

本任务具体的实现代码如下：

```
<script>
document.write("<center>");                               //实现被包裹的内容居中显示
//第 1~5 行玫瑰花
for( let i=1;i<=5;i++){                                   //最外层循环用于控制行数
    for( let j=1;j<=i;j++){                               //最内层的循环用于控制每行输出玫瑰花朵的数量
        document.write('<img src="img/flower.jpg" width="30">');   //输出玫瑰花朵
    }
    document.write('<br />');                             //用于换行
}
//第 6~9 行玫瑰花
for( let i=1;i<=4;i++){
    for( let j=4;j>=i;j--){
        document.write('<img src="img/flower.jpg" width="30">');
    }
    document.write('<br />');
}
document.write("</center>");
</script>
```

7.4 证赛观测

1. 对接 1+X "Web 前端开发" 职业技能等级证书情况

该任务所学知识对接 "Web 前端开发" 职业技能等级要求（初级）的情况如下。

工作领域：2 JavaScript 网页编程。

工作任务：2.1 JavaScript 基础编程。

职业技能要求：2.1.2 能使用 JavaScript 基本语法、编码规范、数据类型、变量、运算符、流程控制语句等编写 JavaScript 程序。

2. 对接技能竞赛情况

同任务 1 的赛项。

7.5 课后练习

1. （单选题）下面代码中 k 的运行结果是（　　）。

```
let i = 0,j = 0;
for( ;i<10,j<6;i++,j++){
    k = i + j;
}
console.log(k)
```

  A. 11　　　　　　B. 10　　　　　　C. 12　　　　　　D. 13

2. （单选题）运行以下代码的输出结果是（　　）。

```
let sum=0;
for( let i=1;i<=10;i++ ){sum+=i;}
console.log(sum)
```

  A. 5　　　　　　　B. 54　　　　　　C. 56　　　　　　D. 57

3. （单选题）以下关于 break 说法正确的是（　　）。

  A. break 可以终止所有的循环

  B. break 可以终止本层循环

  C. break 只能用在循环语句中

  D. break 只能用在 switch 语句中

4. （单选题）下面关于 continue 语句说法正确的是（　　）。

  A. continue 语句可以提前结束整个循环，避免其成为死循环

  B. continue 语句只能用于循环语句中

  C. continue 语句能够用于循环和选择语句中

  D. 多层循环语句嵌套时，只需要使用一个 continue 语句就能够结束所有层次的循环

5. （单选题）下面选项中关于循环嵌套语句的说法不正确的是（　　）。

  A. 循环嵌套语句是指一个循环中存在另外一个循环

  B. 在 JavaScript 中允许使用 while 循环中嵌套一个其他循环

  C. 在 JavaScript 中允许在 do…while 循环中嵌套一个其他循环

  D. 循环嵌套语句只能用于 for 循环

6. （操作题）在页面上输出数字 1~10，每个数字占一行，奇数数字红色显示。
7. （操作题）求 1~10 以内所有数字的和、偶数和、奇数和。
8. （操作题）求 100 以内所有能被 3 整除，但不能被 5 整除的数字的和。
9. （操作题）使用循环嵌套实现九九乘法表。
10. （操作题）动态输出 n 行 m 列的 "＊" 号。
11. （操作题）思考并实践：百元买百鸡问题，即 100 元钱买 100 只鸡，公鸡 5 元钱 1 只，母鸡 3 元钱 1 只，小鸡 1 元钱 3 只，请问有多少种买法，并且每种买法下公鸡、母鸡、小鸡分别是多少只。使用循环嵌套相关知识求解，并把结果填入表 7-1 中。

表 7-1 百元买百鸡的买法

买　　法	公鸡数量	母鸡数量	小鸡数量
买法一			
买法二			
买法三			
买法四			

任务 8　制作七色小球效果

【知识目标】
- 理解数组的定义；
- 掌握创建数组的方法；
- 掌握数组的应用；
- 掌握数组常用方法的应用；
- 掌握数组的遍历。

【技能目标】
- 能够根据需求创建与应用数组；
- 能够使用数组常用方法操作数组元素；
- 能够根据需求遍历数组。

【素质目标】
- 激发学生的学习兴趣；
- 培养学生分析问题和解决问题的能力；
- 培养学生良好的代码编写习惯；
- 培养学生严谨的逻辑思维。

码 8-0　品故事悟道理：JavaScript 数组与团结协作

【知识导图】

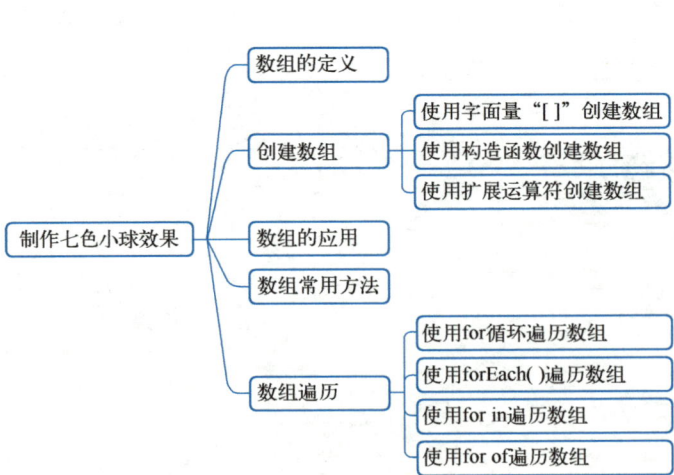

8.1 任务描述与分析

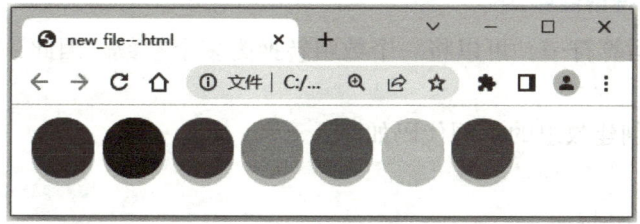
码 8-1 任务效果呈现

该任务为制作如图 8-1 所示的七色小球效果。

图 8-1 七色小球效果

根据任务描述及对效果图进行分析可知,实现该任务效果可以使用数组等相关知识,其具体的实现思路如下:

1) 创建 HTML 文档。
2) 嵌入 JavaScript 代码到创建的 HTML 文档中。
3) 创建数组存储颜色值。
4) 遍历数组并创建小球。

8.2 知识学堂

码 8-2 数组定义

8.2.1 数组的定义

在 JavaScript 中,数组是有序数据的集合,也可以理解为是一种特殊的变量,它在内存中(堆内存)表现为一段连续的内存地址。在数组中,每一个数据称为数组元素,每个数组元素对应着一个数组索引(通常也称之为数组下标),数组索引从 0 开始,第一个数组元素的下标是 0,第二个数组元素的下标为 1,第三个数组元素的下标为 2,依此类推。数组示例如图 8-2 所示。

arr	100	59	98	89	75
	0	1	2	3	4

图 8-2 数组示例

在上述的示例中,"arr"是数组名称,"100,59,98,89,75"是数组元素,"0,1,2,3,4"是数组索引(下标),需要注意的是,数组索引是从 0 开始的。数组 arr 共有 5 个元素,因此数组的长度为 5,通常使用"数组名.length"来获取数组长度。

8.2.2 创建数组

码 8-3 创建数组

在 JavaScript 中,可以使用以下 3 种方法创建数组。

1. 使用字面量"[ ]"创建数组

使用字面量"[ ]"创建数组的示例代码如下:

```
let fruits=["苹果","西瓜","雪梨","龙眼","荔枝"];
```

2. 使用构造函数创建数组

使用构造函数创建数组的示例代码如下：

Let fruits=new Array("苹果","西瓜","雪梨","龙眼","荔枝");

3. 使用扩展运算符创建数组

ES6 引入了扩展运算符…，可以将一个数组转换为多个参数。因此，可以使用扩展运算符创建数组。

使用扩展运算符创建数组的示例代码如下：

```
<script>
let arr1=[…'hello'];
console.log(arr1);           //结果:["h","e","l","l","o"]
let arr2=[1,2,…['a','b','c']];
console.log(arr2);           //结果:[1,2,'a','b','c']
</script>
```

8.2.3 数组的应用

把数据存入数组后，可以结合数组索引获取数组元素，具体的语法格式如下：

数组名[索引]

码 8-4 数组的应用

数组的应用的示例代码如下：

```
let course=["Web 前端技术","计算机网络技术","网页设计","数据库技术"];
console.log(course[0]);      //输出 Web 前端技术
console.log(course[2]);      //输出网页设计
```

8.2.4 数组常用方法

JavaScript 数组常用方法如表 8-1 所示。

表 8-1 数组常用方法

方法名	作用	示例	
join()	把数组转换成字符串，默认的分隔符为逗号	Let arr=[1,2,3]; Console.log(arr.join()); Console.log(arr.join("/"));	//输出结果:1,2,3 //输出结果:1/2/3

push()	在数组的末尾插入元素	let arr=["a","b","c"];
		arr.push("d");
		console.log(arr);
			//在数组末尾插入元素
			//["a","b","c","d"];

unshift()	在数组的开头插入元素	let arr=["a","b","c"];
		arr.unshift("d");
		console.log(arr);
			//在数组开头插入元素
			//["d","a","b","c"];

pop()	删除数组最后一个元素	let arr=["a","b","c"];
		arr.pop();
		console.log(arr);
			//删除数组最后一个元素
			//["a","b"];

shift()	删除数组第一个元素	let arr=["a","b","c"];
		arr.shift();
		console.log(arr);
			//删除数组第一个元素
			//["b","c"];

（续）

方法名	作　用	示　例

splice()	1）删除元素：
	splice(a,b)，删除索引号为 a 开始的 b 项元素
	2）插入元素：
	splice(a,0,b)，a 为插入的起始位，0 是指删除的项数为 0 项，b 为插入的元素。
	3）替换元素：
	splice(a,b,c)，a 为被替换的元素的起始项，b 为被替换元素的项数，c 为替换元素
		//删除示例
		let arr1=["a","b","c","d","e"];
		arr1.splice(1,2);　　//删除索引号为 1 开始的 2 个元素
		console.log(arr1);　　//["a","d","e"];
		//插入示例
		let arr2=["a","b","c","d","e"];
		arr2.splice(2,0,1,2,3);//在起始位为 2 的位置插入数 1、2、3
		console.log(arr2);　　//["a","b",1,2,3,"c","d","e"]
		//替换示例
		let arr3=["a","b","c","d","e"];
		arr3.splice(1,3,"B","C","D");　　//删除起始位为 1 开始的 3 个元素，然后在该位置插入大写字母 B、C、D，即实现了替换功能
		console.log(arr3);["a","B","C","D","e"]

every()	判断数组中每一个元素是否满足条件，如果都满足，则返回 true，否则返回 false	let arr=[1,2,3,4,5];
		let back=arr.every(function(x){
		　return x<10;
		});
		console.log(back);　　//输出结果:true

concat()	将参数添加到原数组中。该方法会先创建一个当前数组的副本，然后将接收到的参数添加到这个副本的末尾，最后返回新构建的数组	let arr=[1,3,5,7];
		let arr2=arr.concat(9,11,13);
		console.log(arr2);　　//输出结果:[1,3,5,7,9,11,13]

sort()	将数组里的元素从小到大排序	let arr=["a","d","c","b"]; console.log(arr.sort());//输出结果:["a","b","c","d"];
reverse()	反转数组元素的顺序	let arr=[1,3,5,7]; console.log(arr);　　//输出结果:[7,5,3,1];

8.2.5 数组遍历

码 8-5　数组遍历

数组遍历就是访问数组中的所有元素，可以使用以下方法遍历数组。

1. 使用 for 循环遍历数组

在 JavaScript 中，通常使用 for 循环遍历数组，示例代码如下：

```
<script>
let arr=["苹果","香蕉","西瓜","葡萄","橘子"];
for(let i=0;i<arr.length;i++){
    console.log(arr[i]);
}
</script>
```

2. 使用 forEach() 遍历数组

使用 forEach() 遍历数组的语法格式如下：

Array.forEach(function(item,index,arr){});

使用 forEach() 遍历数组的参数说明如下:
Array: 必须,指需要遍历的数组。
item: 必须,存放当前数组元素。
index: 可选,当前数组元素中数组的索引。
arr: 当前元素所处的数组。
使用 forEach() 遍历数组的示例代码如下:

```
<script>
    let arr=["苹果","香蕉","西瓜","葡萄","橘子"];
    arr.forEach(function(item,index,arr){
        console.log(item);
    });
</script>
```

3. 使用 for in 遍历数组

for in 语句通常用来循环遍历对象属性,因为数组也属于对象类型,所以也可以使用该方法来遍历数组。

语法格式如下:

```
for(index in arr){
    //处理逻辑
}
```

参数说明:
index: 必须,用于存储数组元素的索引
arr: 必须,需要遍历的数组
示例代码如下:

```
<script>
    let arr=["苹果","香蕉","西瓜","葡萄","橘子"];
    for(let index in arr){        //index 用于存放遍历过程中数组索引
        console.log(arr[index]);
    }
</script>
```

4. 使用 for of 遍历数组

for of 语句可用于循环数组和对象,推荐将其用于遍历数组,它提供了遍历键名、键值和键值对的方法,默认为遍历键值。

语法格式如下:

```
for(index in arr){
    //处理逻辑
}
```

参数说明:
index: 必须,用于存储数组元素的索引
arr: 必须,需要遍历的数组
使用 for of 遍历数组的示例代码如下:

```
<script>
    let arr=["苹果","香蕉","西瓜","葡萄","橘子"];
    for(let item of arr){              //item 用于存放数组元素
        console.log(item);
    }
</script>
```

8.3 任务实施

根据分析可知,任务实施的具体步骤如下:

1)创建 HTML 文档。

2)在<body>与</body>标签之间嵌入<script>……</script>标签。

3)创建数组 colors,并存入 7 种颜色值:#FE0D0E、#6500FF、#0297F7、#7EFFE8、#00FF01、#FBFF2F 和#FD6716。

4)使用 for 循环遍历数组 colors。

5)在循环体中创建小球,并使用相应的颜色作为小球的背景颜色。

本任务的具体代码如下:

```
<script>
//创建数组 colors,用于存储颜色值
let colors=['#FE0D0E','#6500FF','#0297F7','#7EFFE8','#00FF01','#FBFF2F','#FD6716'];
//使用 for 循环遍历数组
for(let i=0;i<colors.length;i++){
    //输出小球,颜色值从数组输出
    document.write('<div style="width:40px;height:40px;border-radius:20px;float:left;'+
    'margin-left:5px;box-shadow:0px 5px rgba(0,0,0,.1);background:'+colors[i]+';"></div>');
}
</script>
```

8.4 证赛观测

1. 对接 1+X"Web 前端开发"职业技能等级证书情况

该任务所学知识对接"Web 前端开发"职业技能等级要求(初级)的情况如下。

工作领域:2 JavaScript 网页编程。

工作任务:2.1 JavaScript 基础编程。

职业技能要求:

2.1.4 能使用 JavaScript 中的数组进行数据的存取操作。

2. 对接技能竞赛情况

同任务 1 的赛项。

8.5 课后练习

1. （单选题）以下 4 个选项中，不是合法创建数组的语句是（　　）。
 A. let myarray = [1.1, true,"a",];
 B. let myarray = [];
 C. let myarray = {};
 D. let myarray = new Array();

2. （单选题）使用以下语句声明的数组：let undefs = [,,]; 包含（　　）个元素。
 A. 1 B. 2 C. 3 D. 0

3. （单选题）以下几个语句中能够正确访问 cool 数组中的第 5 个元素的是（　　）。
 A. cool[5] B. cool(5) C. cool[4] D. cool(4)

4. （单选题）Array 对象的（　　）属性将返回表示数组长度的数值。
 A. length B. getLength C. size D. getsize

5. （单选题）有数组 a = []，执行 a[1000] = 0 之后，数组的长度是（　　）。
 A. 1000 B. 1001 C. 999 D. 0

6. （单选题）对添加数组元素方法的表述，不正确的是（　　）。
 A. 使用 unshift() 方法可以在数组开头插入元素
 B. 使用 push() 方法可以在数组末尾增加一个或多个元素
 C. 使用 shift() 方法可以在数组开始增加一个或多个元素
 D. 使用 splice() 方法可以插入数组元素

7. （单选题）将数组中所有元素都转化为字符串并连接在一起的方法是（　　）。
 A. concat() 方法 B. join() 方法 C. splice() 方法 D. slice() 方法

8. （单选题）有数组 let a = [1,2,3,4,5,6,7,8]; 执行 a.splice(4); a.splice(1,2); 之后，a 的结果是（　　）。
 A. [2,3] B. [1,4] C. [1,2] D. [7,8]

9. （单选题）执行代码

```
let sum=0;let data = [1,2,3,4,5];
data.forEach(function(value){ sum += value; });
console.log(sum);
```

sum 的结果是（　　）。
 A. 1 B. 5 C. 3 D. 15

10. （单选题）以下代码执行的结果是（　　）。

```
let a = [1,2,3,4,5];
let back=a.every(function(x){ return x % 2 === 0; });console.log(back);
```

 A. [2,4] B. [5,3,1] C. true D. false

11. （操作题）求数组 [34,67,31,45,78] 中的最大值。

12. （操作题）将数组 [2,0,6,1,77,0,53,0,25,7] 中大于 10 的元素选出来并放入新数组中。

13. （操作题）使用冒泡排序将数组 [23,12,34,11,56,7,9,1] 进行升序排序。

14. （操作题）使用 for in、forEach、for of 语句实现本任务。

任务 9　统计学生考试成绩

【知识目标】
- 理解函数的含义；
- 掌握函数的语法；
- 掌握函数的声明及调用；
- 了解递归函数；
- 了解闭包函数；
- 掌握箭头函数和立即执行函数的应用。

【技能目标】
- 能够根据需求创建与调用函数；
- 能够根据函数功能合理设置参数和返回值。

【素质目标】
- 培养学生分析问题、解决问题的能力；
- 激发学生学习的积极性；
- 培养学生良好的代码编写习惯；
- 培养学生严谨的逻辑思维。

码9-0　品故事悟道理：函数的魔力与团队的力量

【知识导图】

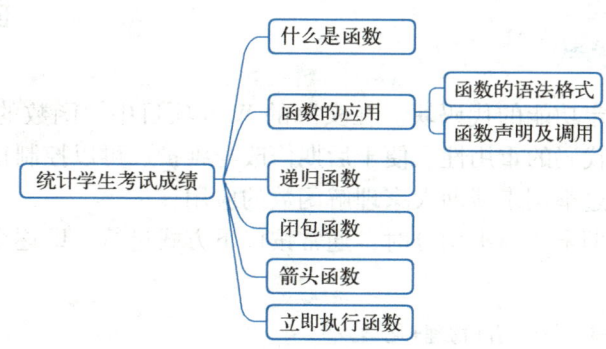

9.1　任务描述与分析

码9-1　任务效果演示

该任务是对学生的成绩（语文、数学、英语、物理、化学）进行统计，统计项包括总分、平均分、最高分和最低分。

根据任务描述可知，实现该任务需使用函数等相关知识，其具体的实现思路如下：

1）声明一个函数，该函数的功能主要用于统计学生成绩的总分、平均分、最高分和最低分。
2）输入学生姓名以及各科成绩。
3）调用函数统计学生成绩并返回。
4）输出标题及成绩统计情况。

该任务的效果图如图 9-1、图 9-2 和图 9-3 所示。

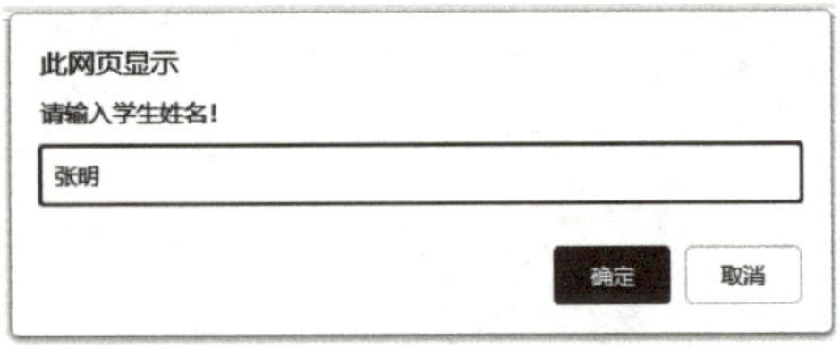

图 9-1 输入学生姓名　　　　　　　图 9-2 输入成绩

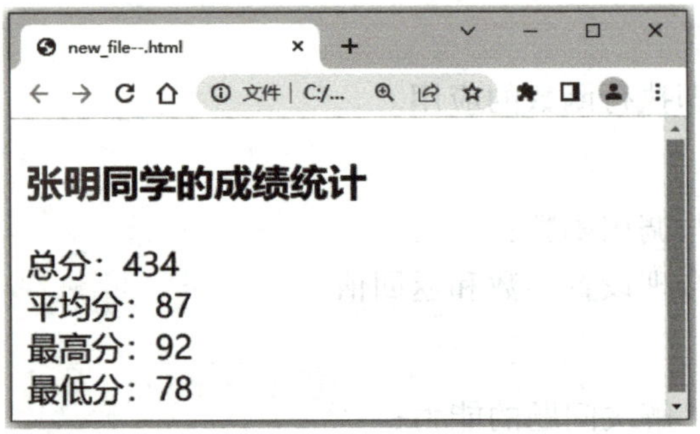

图 9-3 成绩统计

9.2 知识学堂

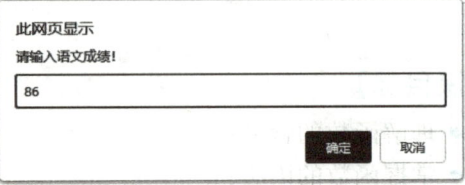

码 9-2 什么是函数

9.2.1 什么是函数

函数是一组具有特定功能的代码块。在实际的 Web 项目中，函数的应用非常广泛，这是因为使用函数具有提升代码的重用性、便于后期修改与维护、可以控制执行时机、提升开发效率等诸多好处。以下通过举例来帮助大家理解函数的应用。

例如，在计算学生期末成绩平均分时，通常按以下方式进行，即逐个计算学生的期末成绩平均分。

```
Student1 =（语文+数学+英语+物理+化学）/5
Student2 =（语文+数学+英语+物理+化学）/5
     ⋮
```

可以发现，每个学生的期末平均分都需要按以上方法来计算。如果学生人数很少，那么这种方法是可行可取的；但是如果学生的人数非常多，再使用这种方法，工作量就会变得非常大，显然不可取。此时，就可以把计算平均分的功能封装起来，然后调用该功能来计算每个学生的平均分，这样做的效率比采用传统方式的效率高，而且还可以减少出错的概率。

9.2.2 函数的应用

码9-3 函数的应用

1. 函数的语法格式

函数声明的语法如下：

```
function 函数名(参数){
    函数体
}
```

参数说明：

function：必须，声明函数的关键字。
函数名()：必须，函数名的命名规范可参考变量的命名规范。
参数：可选，用于向函数体内传递数据，可带多个参数。
函数体：函数的功能代码。

2. 函数声明及调用

在 JavaScript 中，声明函数也可以理解为创建函数，在创建函数的过程中，参数是可选的，可根据实际需要选择是否带参数。参数又可以分为形式参数（简称形参）和实际参数（简称实参），其中，形参是指在函数中用于向函数体传递数据的形式参数，实参是指在调用函数时用于向函数体传递的实际数据。函数创建完成后是不会自动执行的，函数需要被调用才会执行。以下通过示例讲解未带参数函数和带参数函数的创建及调用。

（1）未带参数函数

示例 9-1：使用函数实现在页面上输出字符"细节决定成败！"。

```
<script>
    //声明函数 showText
    function showText(){
        document.write('细节决定成败！');
    }
    //调用函数 showText()
    showText();
</script>
```

示例 9-1 运行结果如图 9-4 所示。

图 9-4　示例 9-1 运行结果

上述示例的函数体中，直接使用 document.write() 语句输出字符串，因此，在调用函数 showText 后，就会在页面上输出字符串。

示例 9-2：求 1+2+3+…+10 的和。

```
//声明函数 getSum()
function getSum(){
    let sum=0;
```

```
//使用 for 循环求和
for(let i=1;i<=10;i++){
    sum+=i;
}
//使用 return 关键字返回求和结果 sum
return sum;
}
//调用函数,并把函数返回的结果赋给变量 result
let result=getSum();
//在页面上输出求和结果
document.write('1+2+3+…+10 的和是:'+result);
```

示例 9-2 运行结果如图 9-5 所示。

图 9-5　示例 9-2 运行结果

在本示例的函数体中,使用了 return 关键字返回求和的结果,称之为返回值,返回值是函数执行结束后返回给调用它的代码的一个值或对象。简单来说,就是当一个函数被调用时,它可能会执行一些操作并产生一个或多个结果,这些结果就是函数的返回值。这些返回值的数据类型可以是任何 JavaScript 数据类型,如字符串、数字、布尔值、数组、对象等。

（2）带参数函数

示例 9-3：使用函数实现在页面上动态输出字符。

```
<script>
//声明函数 showText
function showText(txt){
    document.write(txt);
}
//调用函数
showText("天道酬勤");
showText("同学们加油!");
</script>
```

示例 9-3 运行结果如图 9-6 所示。

图 9-6　示例 9-3 运行结果

在示例 9-3 中,声明函数时使用了形参"txt",在调用函数时,"天道酬勤"和"同学们加油!"是实参。正是因为函数有形参,所以在调用函数时,可以往函数里传入不同的实参,这样使得函数的应用更加灵活。

示例 9-4：求指定两个整数之间所有整数的和。

```
<script>
    //声明函数 getSum,m、n 是形参
    function getSum(m,n){
        let sum=0;
        //使用 for 循环求 m~n 之间所有整数的和
        for(let i=m;i<=n;i++){
            sum+=i;
        }
        //返回求和结果
        return sum;
    }
    document.write('1~10 之间所有整数的和是：'+getSum(1,10)+'<br />');
    document.write('10~20 之间所有整数的和是：'+getSum(10,20)+'<br />');
</script>
```

示例 9-4 运行结果如图 9-7 所示。

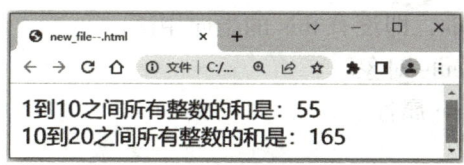

图 9-7　示例 9-4 运行结果

9.2.3　递归函数

有一堆桃子，猴子每天吃一半扔一个，第六天剩余 1 个，请问开始有多少桃子？要解决此问题，可编写递归函数求解，请读者扫描二维码学习递归函数。

9.2.4　闭包函数

闭包是指有权访问另一个函数作用域中的变量的函数，从本质上看，闭包是将函数内部和函数外部连接起来的桥梁。请读者扫描二维码了解闭包函数的创建及使用。

9.2.5　箭头函数

码 9-4　箭头函数

1. 箭头函数的定义及语法格式

箭头函数是一种匿名函数，它由 ES6 扩充完成。使用箭头函数来定义函数，语法将会更加简洁，同时还可提升代码的可读性和可维护性，在实际的 Web 项目中应用广泛。箭头函数语法格式如下：

　　(参数 1，参数 2，…，参数 N)=>{函数体}

箭头函数的具体说明如下：

1）如果箭头函数没有参数时，则小括号"()"不能省略，其格式如下所示。

　　()=>{函数体}

2）如果箭头函数的函数体只有一个表达式时，则包裹函数体的花括号"{}"可以省略，其格式如下所示。

  （参数1，参数2，…，参数N）=>表达式

3）如果箭头函数只有一个参数时，则包裹参数的小括号"()"可以省略，其格式如下所示。

  参数1=>{函数体}

4）因为箭头函数是一种匿名函数，所以在实际的应用过程中，通常把函数赋给变量或常量。

  const 函数名=（参数1，参数2，…，参数N）=>{
    函数体
  }

2. 使用箭头函数的注意事项

在使用箭头函数时，需注意以下几点。
1）箭头函数不能用于创建构造函数。
2）箭头函数不能绑定 this，即没有 this 的指向用法。
3）箭头函数没有 auguments 对象。
4）箭头函数没有 prototype 属性。

3. 箭头函数的应用

箭头函数的应用示例如下。

```
//创建箭头函数 sum
const sum=(num1,num2)=>{
    return num1+num2
}
//调用箭头函数
console.log(sum(2,3))        //输出结果：5
```

上述代码中，使用箭头函数方法创建了一个 sum 函数。

9.2.6 立即执行函数

请读者扫描二维码了解立即执行函数的创建及使用。

9.3 任务实施

根据分析可知，任务实施的具体步骤如下：
1）创建 HTML 文档。
2）在<body>与</body>标签之间嵌入<script>……</script>标签。
3）声明成绩统计函数 score，使用算术运算计算总分，计算平均分并使用 Math.round()方法进行四舍五入，使用 Math.max()方法求最大值，使用 Math.min()方法求最小值。（说明：Math 对象在后续任务中会详细介绍）
4）使用 prompt()语句输入姓名以及各科成绩（语文、数学、英语、物理、化学），并存入相应的变量中。
5）调用函数 score，并把函数返回的结果存入数组 scoreArr 中。

6）使用 document.write() 语句输出标题、总分、平均分、最高分和最低分。

本任务的参考代码如下：

```javascript
<script>
//声明函数 score，主要用于统计成绩（总分、平均分、最高分、最低分）
function score(Chinese,Maths,English,Physics,Chemistry){
    let sum=Chinese+Maths+English+Physics+Chemistry;
    let avg=Math.round(sum/5);
    let max=Math.max(Chinese,Maths,English,Physics,Chemistry);
    let min=Math.min(Chinese,Maths,English,Physics,Chemistry);
    //以数组形式返回统计结果
    return [sum,avg,max,min];
}
//输入姓名及各科成绩
let name=prompt('请输入姓名！');
let Chinese=Number(prompt('请输入语文成绩！'));
let Maths=Number(prompt('请输入数学成绩！'));
let English=Number(prompt('请输入英语成绩！'));
let Physics=Number(prompt('请输入物理成绩！'));
let Chemistry=Number(prompt('请输入化学成绩！'));
//调用函数统计成绩，并将结果存入数组中
let scoreArr=score(Chinese,Maths,English,Physics,Chemistry);
//输出标题
document.write('<h3><span style="color:red;">'+name+'</span>同学的成绩统计</h3>');
//输出总分
document.write('总分：'+scoreArr[0]+'<br />');
//输出平均分
document.write('平均分：'+scoreArr[1]+'<br />');
//输出最高分
document.write('最高分：'+scoreArr[2]+'<br />');
//输出最低分
document.write('最低分：'+scoreArr[3]+'<br />');
</script>
```

9.4 证赛观测

1. 对接 1+X "Web 前端开发"职业技能等级证书情况

该任务所学知识对接"Web 前端开发"职业技能等级要求（初级）的情况如下：

工作领域：2 JavaScript 网页编程。

工作任务：2.1 JavaScript 基础编程。

职业技能要求：2.1.3 能使用 JavaScript 函数完成代码的封装和复用。

2. 对接技能竞赛情况

同任务 1 的赛项。

9.5 课后练习

1．（单选题）如果有函数 function f(x,y){…}，那么以下正确的函数调用是（   ）。
　　A．f1 ,2　　　　　B．f(1)　　　　　C．f(1,2)　　　　　D．f(,2)

2.（单选题）在 JavaScript 中，定义函数时可以使用（　　）个参数。
A. 0　　　　　　　B. 1　　　　　　　C. 2　　　　　　　D. 任意

3.（单选题）在 JavaScript 中，定义一个全局变量的方法是（　　）。
A. 使用关键字 public 在函数中定义
B. 使用关键字 public 在任何函数之外定义
C. 使用关键字 var 在函数中定义
D. 使用关键字 var 在任何函数之外定义

4.（单选题）关于函数参数，表述错误的是（　　）。
A. 每个函数必须要带形参
B. 函数是否有参数可根据实际情况确定
C. 函数的参数可以是字符串类型
D. 函数参数可分为形参和实参

5.（单选题）关于闭包的说法，表述错误的是（　　）。
A. 在书写形式上，需要函数套函数
B. 从本质上看，闭包是将函数内部和函数外部连接起来的桥梁
C. 闭包完全没意义
D. 闭包比较耗内存

6.（单选题）以下 4 个选项中，（　　）是立即执行函数。
A. function test( ){return 1+2;}
B. (function sayHello( ){document.write('Hello');})( )
C. ((function go( ){console.log('gogogo!')}))
D. B 和 C 都是

7.（操作题）利用函数求任意两个数的最大值。

8.（操作题）利用函数判断输入的年份是闰年还是平年。

9.（操作题）利用函数求任意一个数组中的最大值。

10.（操作题）利用函数输出指定行和列的"＊"号。

11.（操作题）利用函数判断输入的内容是否是数字。

任务 10　存储并输出手机商品信息

【知识目标】
- 理解对象的含义；
- 掌握创建及访问对象的方法；
- 掌握遍历对象的方法；
- 了解判断对象的方法。

【技能目标】
- 能够根据需求使用不同的方法创建对象；
- 能够根据需求访问对象属性和方法；
- 能够使用不同的方法遍历对象；
- 能够使用相关方法判断对象是否存在指定属性和方法。

码 10-0　品故事 悟道理：任正非的传奇故事

【素质目标】
- 培养学生良好的代码编写习惯；
- 培养学生严谨的逻辑思维；
- 培养学生的家国情怀。

【知识导图】

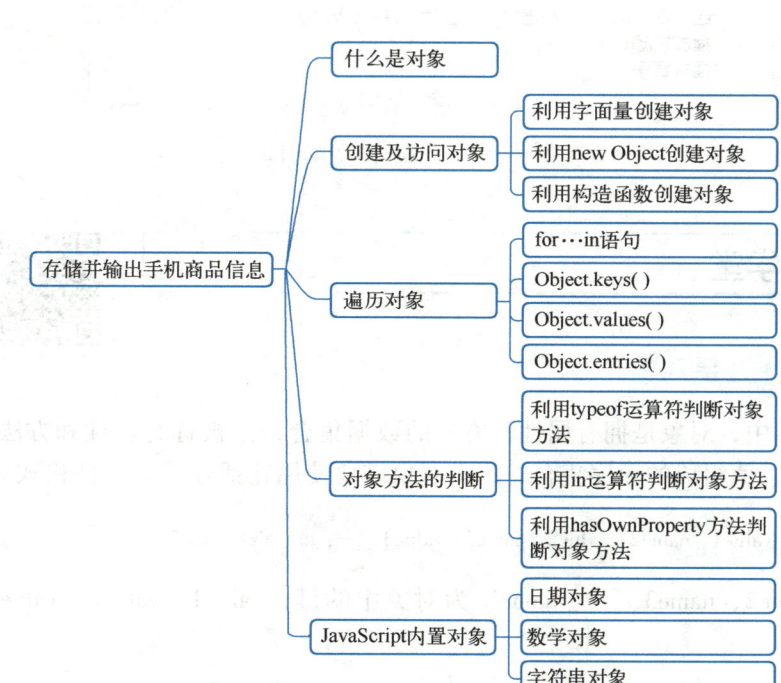

10.1 任务描述与分析

这一路艰苦奋斗，让华为取得了今天的成绩，自强不息、吃苦耐劳的精神时刻激励着华为人冲破美国设置的重重难关，在 5G 通信领域取得突破，使华为成为国际品牌。利用 JavaScript 对象知识，存储华为手机参数等信息，然后将信息在页面上输出来。

根据上面描述可知，完成该任务需要使用对象等相关知识，其具体的实现思路如下：
1）创建对象，利用属性存储手机参数信息。
2）在对象中创建方法。
3）遍历对象。
4）调用对象方法。

任务效果如图 10-1 所示。

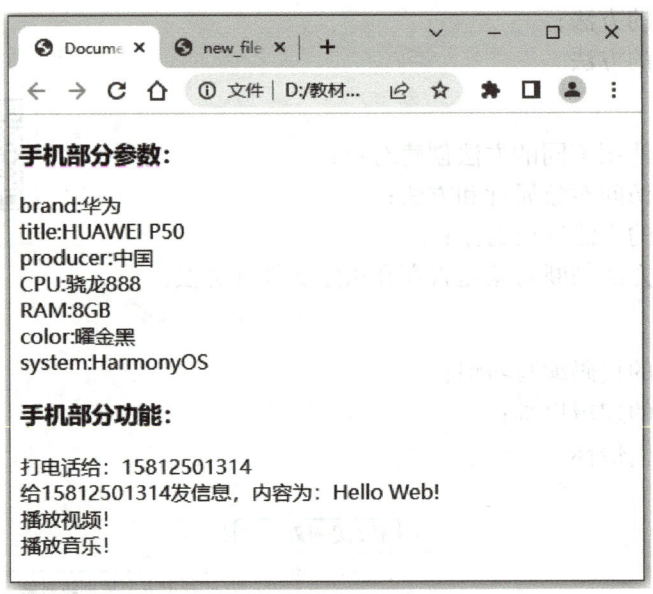

图 10-1　显示手机参数信息

10.2 知识学堂

码 10-1　什么是对象

10.2.1 什么是对象

在 JavaScript 中，对象是拥有属性和方法的数据集合，是被称为属性和方法的命名值的容器。对象是由键、值组成的无序集合，定义对象需要使用花括号{}，语法格式如下：

{name1：value1，name2：value2，name3：value3，…，nameN：valueN}

其中 name1、name2、name3、…、nameN 为对象中的键，value1、value2、value3、…、valueN 为对应的值。

对象类型的键都是字符串类型的，值可以是任意数据类型，例如字符串、数组、函数或其他对象等。要获取对象中的某个值，可以使用"对象名.键"的形式来实现。

10.2.2　创建及访问对象

码 10-2　创建及对象

创建对象的方法有 3 种：利用字面量创建对象、利用 new Object 创建对象和利用构造函数创建对象。

对象创建完成后，可以按以下的方式访问对象的属性和方法。

1）访问对象属性的方法如下：

方法 1：对象名.属性名，如 stuObj.name。

方法 2：对象名[属性名]，如 stuObj['name']。

2）访问对象方法的方式如下：

方法 1：对象名.方法名()，如 stuObj.sayHello()。

方法 2：对象名[方法名]()，如 stuObj['sayHello']()。

1. 利用字面量创建对象

该方法是利用花括号"{}"来包裹对象中的属性，每个属性使用"键：值"对来保存，键表示属性名或方法名，值表示对应的值。多个成员之间用","隔开。

示例 10-1：利用字面量创建一个学生对象。

```html
<script>
//创建学生对象
let student = {
    name:'张扬',                          //name 属性
    sex:'男',                             //sex 属性
    age:18,                               //age 属性
    major:'软件技术',                     //major 属性
    grade:'23 软件 1 班',                 //grade 属性
    number:'2023030201',                  //number 属性
    sayHello:function(){                  //sayHello 方法
        document.write('大家好,我是'+this.name);
    },
    study:function(){                     //study 方法
        document.write('好好学习 天天向上！');
    }
}
//输出学生信息
document.write(student.name+'/'+student.sex+'/'+student.age+'/'+student.major+'/'+student.grade+'/'+student.number+'<br />');
student.sayHello();                       //调用 student 对象的 sayHello 方法
document.write('<br />');
student.study();                          //调用 student 对象的 study 方法
</script>
```

上述示例创建的 student 对象中，包含了 6 个成员（name、sex、age、major、grade 和 number）和 2 个方法（sayHello 和 study）。

上述示例的运行效果如图 10-2 所示。

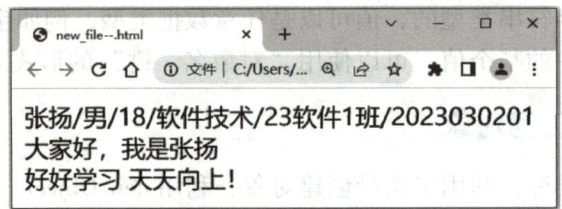

图 10-2　显示学生对象信息

2. 利用 new Object 创建对象

示例 10-2：利用 new Object 创建学生对象。

```html
<script>
let student=new Object();                        //创建一个空对象 student
student.name='张扬',                              //添加成员 name
student.sex='男',                                 //添加成员 sex
student.age=18,                                   //添加成员 age
student.major='软件技术',                          //添加成员 major
student.grade='23 软件 1 班',                     //添加成员 grade
student.number='2023030201',                      //添加成员 number
student.sayHello=function(){                      //sayHello 方法
    document.write('大家好,我是'+this.name);
},
student.study=function(){                         //study 方法
    document.write('好好学习 天天向上！');
}
</script>
```

上述示例的运行效果与示例 10-1 的运行效果是一样的。

3. 利用构造函数创建对象

示例 10-3：利用构造函数创建对象，存储并输出学生信息。

```html
<script>
//编写构造函数 Student
function Student(name,sex,age,major,grade,number){
    this.name=name;
    this.sex=sex;
    this.age=age;
    this.major=major;
    this.grade=grade;
    this.number=number;
    this.sayHello=function(){
        document.write('大家好,我是'+this.name);
    },
    this.study=function(){
        document.write('好好学习天天向上！');
    }
}
//使用 Student 构造函数创建对象
let stu1=new Student('张扬','男',20,'软件技术','23 软件 1 班','2023030201');
let stu2=new Student('李丽','女',18,'计算机网络技术','23 网络 2 班','2023040209');
```

```
//输出学生 stu1 信息 document.write(stu1.name+'/'+stu1.sex+'/'+stu1.age+'/'+stu1.major+'/'+
stu1.grade+'/'+
stu1.number+'<br />');
stu1.sayHello();    //调用 stu1 对象的 sayHello 方法
document.write('<br />');
stu1.study();       //调用 stu1 对象的 study 方法
document.write('<hr />');
//输出学生 stu2 信息
document.write(stu2.name+'/'+stu2.sex+'/'+stu2.age+'/'+stu2.major+'/'+stu2.grade+'/'+
stu2.number+'<br />');
stu2.sayHello();    //调用 stu2 对象的 sayHello 方法
document.write('<br />');
stu2.study();       //调用 stu2 对象的 study 方法
</script>
```

上述代码的运行效果如图 10-3 所示。

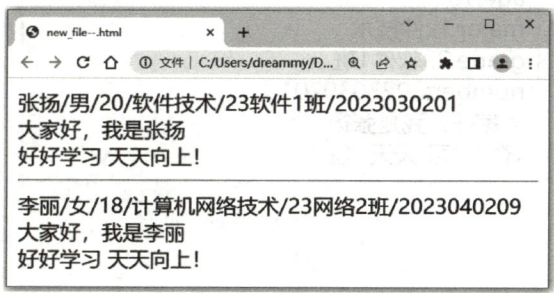

图 10-3　学生对象信息

10.2.3　遍历对象

码 10-3　遍历对象

在实际开发中，经常需要遍历对象去获取属性或进行其他操作，下面介绍遍历对象的方法。

1. for…in 语句

for…in 语句用于循环对象，循环中的代码每执行一次，就会对数据的元素或对象的属性进行一次操作，其语法格式如下：

```
for( variable in object){
    //statements
}
```

参数说明如下。

variable：变量名称，用于存储对象属性名；

obiect：对象的名称，同时迭代其属性；

statements：每次循环执行的代码语句。

示例 10-4：使用 for…in 语句遍历示例 10-1 中的对象 student。

```
for( let k in student){
    if( typeof student[k]=="function"){
        student[k]();
        document.write('<br />');
```

```
        }else{
            document.write(k+":"+student[k]);
            document.write('<br />');
        }
    }
}
```

上述代码中,由于 student 对象既包含属性,又包含属性方法,因此,在遍历的过程中,使用 typeof 运算符判断当前遍历的是属性还是属性方法。如果是属性,则输出属性名和属性值;如果是属性方法,则调用属性方法。示例 10-4 的运行效果如图 10-4 所示。

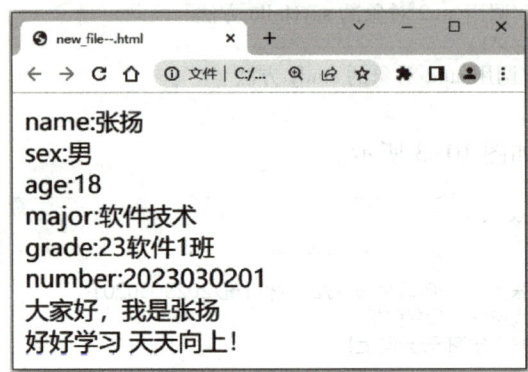

图 10-4　遍历 student 对象

2. Object.keys( )

Object.keys( )的定义和使用详见本书配套的电子资源。

3. Object.values( )

Object.values( )的定义和使用详见本书配套的电子资源。

4. Object.entries( )

Object.entries( )的定义和使用详见本书配套的电子资源。

10.2.4　对象方法的判断

对象方法的判断详见本书配套的电子资源。

10.2.5　JavaScript 内置对象

内置对象介绍详见本书配套的电子资源。

10.3　任务实施

根据分析可知,任务实施的具体步骤如下:

1)创建 HTML 文档。

2)在<body>与</body>标签之间嵌入<script>……</script>标签。

3)利用字面量创建对象 telephone,通过属性存储手机参数信息(7 项),创建对象方法(call、sendMessage、playVideo 和 playMusic)。

4）使用 document.write( )语句输出标题"手机部分参数"。
5）利用 for…in 遍历对象 student。
6）使用 document.write( )语句输出标题"手机部分功能"。
7）调用对象方法 call。
8）调用对象方法 sendMessage。
9）调用对象方法 playVideo。
10）调用对象方法 playMusic。

本任务具体代码如下：

```html
<script>
//创建对象 telephone
let telephone = {
    brand:'华为',                                    //brand 属性
    title:'HUAWEI P50',                              //title 属性
    producer:'中国大陆',                             //producer 属性
    CPU:'骁龙 888',                                  //CPU 属性
    RAM:'8GB',                                       //RAM 属性
    color:'曜金黑',                                  //color 属性
    system:'HarmonyOS',                              //system 属性
    call:function(num){                              //call 方法
        document.write('打电话给:'+num);
    },
    sendMessage:function(num,message){               //sendMessage 方法
        document.write('给'+num+'发信息,内容为：'+message);
    },
    playVideo:function(){
        document.write('播放视频！');                //playVideo 方法
    },
    playMusic:function(){
        document.write('播放音乐！');                //playMusic 方法
    }
}
document.write('<h3>手机部分参数:</h3>');
//遍历 telephone 对象属性
for(let k in telephone){
    if(typeof telephone[k]!="function"){
        document.write(k+":"+telephone[k]+'<br />');
    }
}
document.write('<h3>手机部分功能:</h3>');
telephone.call(15812501314);                         //调用对象方法 call
document.write('<br />');
telephone.sendMessage(15812501314,'Hello Web!');     //调用对象方法 sendMessage
document.write('<br />');
telephone.playVideo();                               //调用对象方法 playVideo
document.write('<br />');
telephone.playMusic();                               //调用对象方法 playMusic
</script>
```

10.4 证赛观测

1. 对接 1+X "Web 前端开发" 职业技能等级证书情况

该任务所学知识对接 "Web 前端开发" 职业技能等级要求（初级）的情况如下：

工作领域：2 JavaScript 网页编程。

工作任务：2.2 JavaScript 面向对象编程。

职业技能要求：2.2.1 能掌握面向对象程序设计的方法；2.2.2 能使用字面量方式创建 JavaScript 对象；2.2.3 能使用构造函数方式创建 JavaScript 对象；2.2.4 能使用原型链等原生方式开发网页。

2. 对接技能竞赛情况

同任务 1 的赛项。

10.5 课后练习

1. （单选题）下列关于 JavaScript 对象说法错误的是（　　）。
   A. JavaScript 只能通过花括号来创建对象
   B. JavaScript 对象是基于键值对的，键值对通常写法为 name：value
   C. 在 JavaScript 中，几乎所有的事物都是对象
   D. JavaScript 对象是拥有属性和方法的数据

2. （单选题）能够正确访问 stu 对象的 name 属性的是（　　）。
   A. stu('name')　　　B. stu[name]　　　C. stu.name　　　D. 都访问不了

3. （单选题）能够正确调用 stu 对象的 test 方法的是（　　）。
   A. stu.test　　　B. stu["test"]　　　C. stu.test()　　　D. stu[test()]

4. （单选题）以下 4 个选项中，可用于遍历对象的是（　　）。
   A. for…in 语句
   B. if 语句
   C. while 语句
   D. prompt() 语句

5. （单选题）以下 4 个选项中，不能用于创建对象的是（　　）。
   A. 利用字面量　　　　　　　　　　　　B. 利用 new Object
   C. 利用构造函数　　　　　　　　　　　D. 利用循环语句

6. （操作题）请利用创建对象的 3 种方法创建一个名为呆呆的狗对象，具体信息如下。
   名称：呆呆；类型：阿拉斯加；年龄：3 岁；颜色：棕色；技能：汪汪叫、摇尾巴。

任务 11　验证用户注册页面信息

【知识目标】

- 理解 DOM 的概念；
- 了解什么是 DOM 树；
- 掌握获取 DOM 元素的方法；
- 掌握操作 DOM 元素内容的方法；
- 掌握操作 DOM 元素属性的方法；
- 掌握操作 DOM 元素样式的方法。

【技能目标】

- 能够根据实际需求选择合适的方法获取 DOM 元素；
- 能够根据需求操作 DOM 元素的内容；
- 能够根据需求操作 DOM 元素的属性；
- 能够根据需求操作 DOM 元素的样式。

码 11-0　品故事 悟道理：表单验证里的责任与担当

【素质目标】

- 培养学生分析问题、解决问题的能力；
- 培养学生无私奉献、创新发展、吃苦耐劳的精神；
- 树立学生的社会主义核心价值观。

【知识导图】

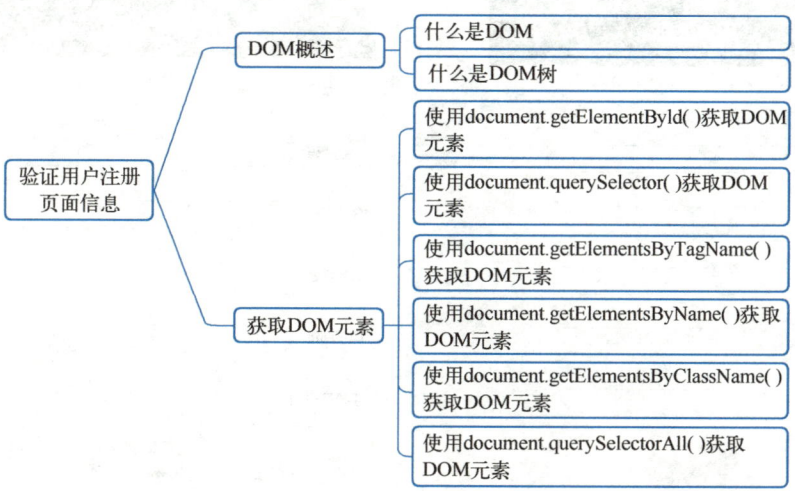

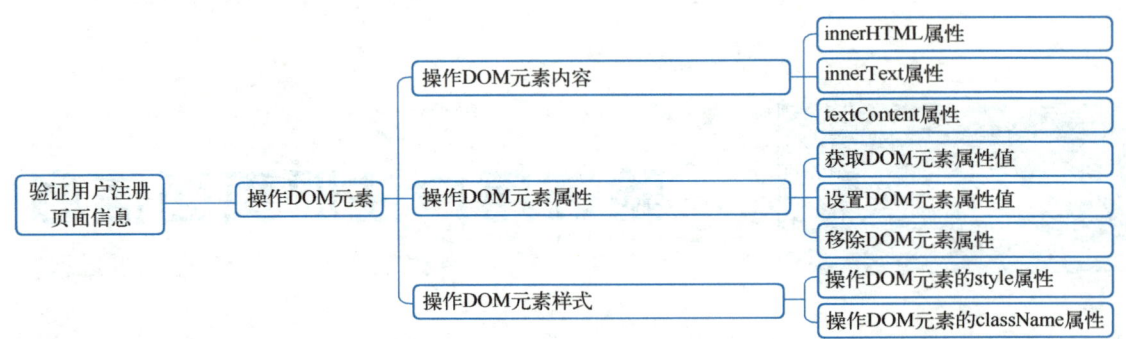

11.1 任务描述与分析

码 11-1 任务效果演示

本任务是设计并制作一个用户注册页面，注册信息包括账号、密码、确认密码、真实姓名、电子邮箱和手机号码，其中账号、密码、确认密码和电子邮箱为必填信息项。为了提升用户的体验感，在单击"注册"按钮时，如果必填信息项为空，则在文本框的右侧输出相应的提示信息；单击密码框的眼睛图标时，密码和确认密码方框的密码信息将以明文显示，再次单击眼睛图标时，密码信息将以密文显示。

根据任务描述可知，要实现该任务效果，需要了解什么是 DOM 元素，掌握如何获取 DOM 元素以及操作 DOM 元素的内容、属性和样式，其具体的实现思路如下：

1）创建 HTML 文档并编写页面的 HTML 代码。
2）编写层叠样式表（Cascading Style Sheets，CSS）代码美化页面。
3）编写 JavaScript 代码，实现对必填信息项的非空判断，实现对密码信息的密文与明文的切换，具体步骤如下：

① 获取页面元素。
② 给注册按钮绑定单击事件，并编写事件处理函数。
③ 给眼睛图标绑定单击事件，并编写事件处理函数。

任务效果如图 11-1、图 11-2、图 11-3 和图 11-4 所示。

图 11-1　用户注册页面　　　　　　　图 11-2　非空判断

图 11-3　密码以密文显示　　　　　　　　　图 11-4　密码以明文显示

11.2　知识学堂

码 11-2　DOM 概述

11.2.1　DOM 概述

1. 什么是 DOM

DOM（Document Object Model），即文档对象模型，它是 W3C 组织推荐的处理可扩展标记语言（HTML 或者 XML）的标准编程接口，通过这些接口可以获取页面的元素，并能够对这些元素的内容、属性、样式等进行操作。

为了更好地理解并应用 DOM，需要了解以下这些名词的意义。

文档（document）：一个页面就是一个文档。

元素（element）：页面中的标签。

节点（node）：网页中的所有内容都是节点，如标签、属性、文本、注释等，在 DOM 中，使用 node 来表示节点。

2. 什么是 DOM 树

DOM 树（Document Object Model Tree）是指网页文档中所有元素的层次结构。每个 HTML 标签、属性、文本都作为一个节点在 DOM 树中表示，它们都是一个对象，可以通过 JavaScript 或其他脚本语言进行访问和操作。

DOM 树从网页的根节点开始，逐级向下表示网页的结构。根节点对应的是 HTML 文档的 <!DOCTYPE html> 标签，接着是 <html> 标签，然后是 <head> 标签和 <body> 标签，<body> 标签中又可以包括其他的标签，最后是文本节点。这些节点可以相互包含和嵌套，形成一个树状结构。

通过 DOM 树，可以使用 JavaScript 和其他脚本语言来操作和修改网页中的各个元素，例如修改文本、属性、样式等。因此，DOM 树在网页开发中扮演着非常重要的角色，它是网页的基础架构，为网页开发提供了强大的操作性和灵活性。

以下代码的 DOM 树如图 11-5 所示。

```
<!DOCTYPE html>
<html>
    <head>
        <meta charset="utf-8">
        <title>DOM</title>
    </head>
    <body>
        <h1>DOM 概述</h1>
        <ul>
            <li>什么是 DOM</li>
            <li>什么是 DOM 树</li>
        </ul>
    </body>
</html>
```

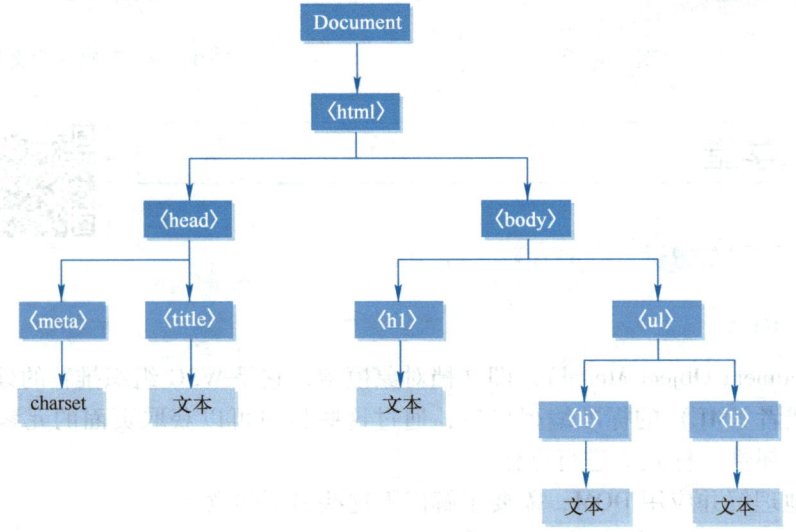

图 11-5　DOM 树

11.2.2　获取 DOM 元素

码 11-3　使用 document.getElementById( ) 获取 DOM 元素

在 Web 程序开发中，只有获取页面元素后，才能对元素进行各种操作。JavaScript 提供了一系列获取 DOM 元素的方法，下面对常用的获取 DOM 元素的方法进行介绍。

1. 使用 document.getElementById( ) 获取 DOM 元素

document.getElementById( ) 方法是根据元素的 id 属性来获取 DOM 元素的，它返回文档中与指定 id 匹配的第一个元素，如果找不到匹配的元素，则返回 null，示例代码如下：

```
<!DOCTYPE html>
<html>
    <head>
        <meta charset="utf-8">
        <title></title>
    </head>
    <body>
```

```
用户名:<input type="text" id="username" />
<script>
    let username=document.getElementById('username');
    console.log(username)          //控制台输出结果:<input type="text" id="username">
</script>
</body>
</html>
```

从控制台的输出结果可知,通过 document.getElementById( )方法成功获取到了 id 属性值为"username"的元素。

2. 使用 document.querySelector( )获取 DOM 元素

document.querySelector( )方法是根据层叠样式表(Cascading Style Sheets,CSS)选择器来获取 DOM 元素的,它返回文档中与指定选择器或选择器组相匹配的第一个元素,如果找不到,则返回 null,示例代码如下:

码 11-4 使用 document.query-Selector( )获取 DOM 元素

```
<!DOCTYPE html>
<html>
    <head>
        <meta charset="utf-8">
        <title></title>
    </head>
    <body>
        <p>第 1 个段落</p>
        <p>第 2 个段落</p>
        <p class="p3">第 3 个段落</p>
        <p id="p4">第 4 个段落</p>
        <script>
            let ele1=(document.querySelector('p'));
            console.log(ele1);          //控制台输出结果:<p>第 1 个段落</p>
            let ele2=(document.querySelector('.p3'));
            console.log(ele2);          //控制台输出结果:<p class="p3">第 3 个段落</p>
            let ele3=(document.querySelector('#p4'));
            console.log(ele3);          //控制台输出结果:<p id="p4">第 4 个段落</p>
        </script>
    </body>
</html>
```

3. 使用 document.getElementsByTagName( )获取 DOM 元素

码 11-5 使用 document.getElementsByTag-Name( )获取 DOM 元素

document.getElementsByTagName( )方法是根据 HTML 的标签名来获取 DOM 元素的,它返回文档中与指定标签名匹配的 HTML 元素集合。如果需要获取集合中的某个元素,那么需要结合索引来获取,示例代码如下:

```
<!DOCTYPE html>
<html>
    <head>
        <meta charset="utf-8">
        <title></title>
    </head>
```

```
<body>
    <p>第 1 个段落</p>
    <p>第 2 个段落</p>
    <p>第 3 个段落</p>
    <p>第 4 个段落</p>
    <script>
        let ps=document.getElementsByTagName("p");
        console.log(ps);      //输出节点列表 PS
        console.log(ps[2]);//输出节点列表中的第 3 个元素
    </script>
</body>
</html>
```

运行上述代码的结果如图 11-6 所示。

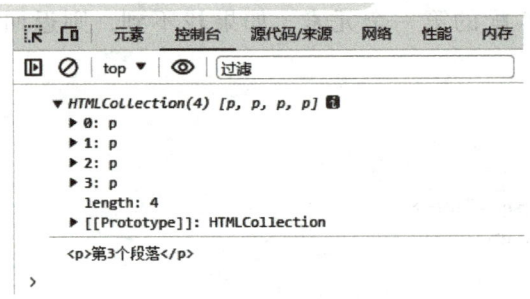

图 11-6　显示运行结果

从上述的输出结果可知，HTML 集合 PS 中有 4 个元素，该 4 个元素以伪数组方式进行输出，需要注意，数组的索引（下标）是从 0 开始的。

4. 使用 document.getElementsByName( ) 获取 DOM 元素

document.getElementsByName( ) 是根据 name 属性来获取 DOM 元素的，它返回文档中与指定 name 属性匹配的节点列表 NodeList，通常用来获取表单元素。如果需要获取节点列表中的某个元素，则需要结合索引来获取，示例代码如下：

码 11-6　使用 document.getElementsByName( ) 获取 DOM 元素

```
<!DOCTYPE html>
<html>
    <head>
        <meta charset="utf-8">
        <title></title>
    </head>
    <body>
        <p>请选择你的意向岗位(多选)：</p>
        <p>
            <label><input type="checkbox" name="work" value="网页设计师">网页设计师
            </label>
            <label><input type="checkbox" name="work" value="网站程序员">网站程序员
            </label>
            <label><input type="checkbox" name="work" value="网络管理员">网络管理员
            </label>
```

```
            <label><input type="checkbox" name="work" value="网络工程师">网络工程师
</label>
        </p>
        <script>
            let works=document.getElementsByName("work");
            console.log(works);    //输出节点列表 PS
            console.log(works[2]);  //输出节点列表中的第 3 个元素
        </script>
    </body>
</html>
```

上述代码的运行结果如图 11-7 所示。

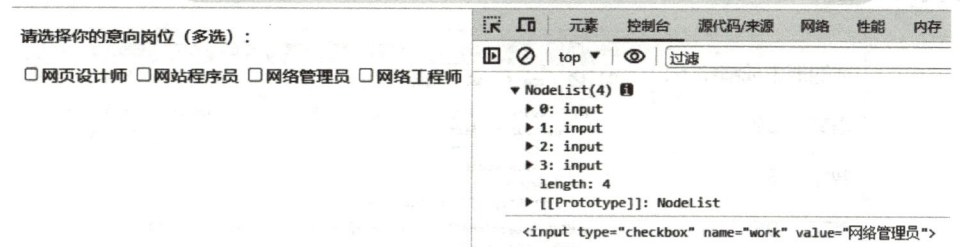

图 11-7　运行结果

从上述的输出结果可知，节点列表 NodeList 中有 4 个元素，该 4 个元素以伪数组方式进行输出，需要注意，数组的索引（下标）是从 0 开始的。

5. 使用 document.getElementsByClassName() 获取 DOM 元素

document.getElementsByClassName() 方法是通过 class 属性（类名）来获取 DOM 元素的，它返回文档中与指定类名匹配的 HTML 元素集合。如果需要获取集合中的某个元素，则需要结合索引来获取，示例代码如下：

码 11-7　使用 document.getElementsByClassName() 获取 DOM 元素

```
<!DOCTYPE html>
<html>
    <head>
        <meta charset="utf-8">
        <title></title>
    </head>
    <body>
        <p>你的期末成绩如下:</p>
        <p>
            <span class="subject">语文:</span>
            <span class="score">89</span>
        </p>
        <p>
            <span class="subject">数学:</span>
            <span class="score">55</span>
        </p>
        <p>
            <span class="subject">英文:</span>
            <span class="score">95</span>
```

```
            </p>
        <script>
            let subjects=document.getElementsByClassName("subject");
            let scores=document.getElementsByClassName("score");
            console.log(subjects);
            console.log(scores);
            subjects[1].style.fontWeight='bold';
            scores[1].style.color='red';
        </script>
    </body>
</html>
```

上述代码的运行结果如图11-8所示。

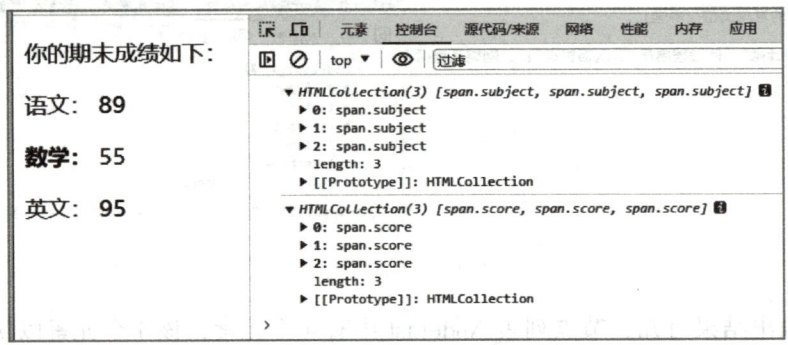

图11-8 运行结果显示

从上述的输出结果可知，HTML 集合的 subjects 和 scores 中均有 4 个元素，该 4 个元素以伪数组方式进行输出，如果需获取集合中某个具体的元素，则需要结合索引来获取。

6. 使用 document.querySelectorAll() 获取 DOM 元素

document.querySelectorAll()方法是通过 CSS 选择器来获取 DOM 元素的，它返回与指定 CSS 选择器匹配的所有元素节点列表，如果需要获取列表中的某个元素，则需要结合索引来获取，示例代码如下：

码 11-8 使用 document.querySelectorAll() 获取 DOM 元素

```
<!DOCTYPE html>
<html>
    <head>
        <meta charset="utf-8">
        <title></title>
    </head>
    <body>
        <h3>将进酒</h3>
        <p>君不见，黄河之水天上来，奔流到海不复回。</p>
        <p>君不见，高堂明镜悲白发，朝如青丝暮成雪。</p>
        <p>人生得意须尽欢，莫使金樽空对月。</p>
        <p>天生我材必有用，千金散尽还复来。</p>
        <script>
            let content=document.querySelectorAll("p");
            console.log(content);
            content[3].style.color='red';
```

```
            </script>
        </body>
</html>
```

上述代码的运行结果如图 11-9 所示。

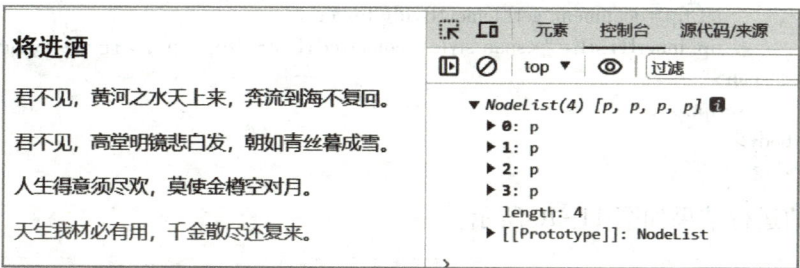

图 11-9　运行结果

从上述的输出结果可知，节点列表 content 中有 4 个元素，该 4 个元素以伪数组方式进行输出。

11.2.3　操作 DOM 元素

1. 操作 DOM 元素内容

在 JavaScript 中，操作 DOM 元素的内容，主要是通过操作 DOM 元素的 innerHTML、innerText 和 textContent 属性来实现的，具体如表 11-1 所示。

码 11-9　操作 DOM 元素内容

表 11-1　操作 DOM 元素内容的常用属性

属　　性	说　　明
innerHTML	设置或返回元素内部的 HTML，包括 HTML 标签、文本内容、空格、换行等
innerText	设置或返回元素内部的文本内容。当获取元素内部的文本内容时，会去除 HTML 标签和多余的空格、换行；在设置文本内容时，尽管内容中含有 HTML 代码，但也会被作为字符串输出
textContent	设置或者返回指定节点的文本内容，同时保留空格和换行

操作 DOM 元素内容的示例代码如下：

```
<!DOCTYPE html>
<html>
    <head>
        <meta charset="utf-8">
        <title></title>
    </head>
    <body>
        <p>
            商品价格：<span class="price"><b>12.5</b></span>元
        </p>
        <p>
            商品数量：<input type="text" name="num">
            <span id="tip"></span>
        </p>
```

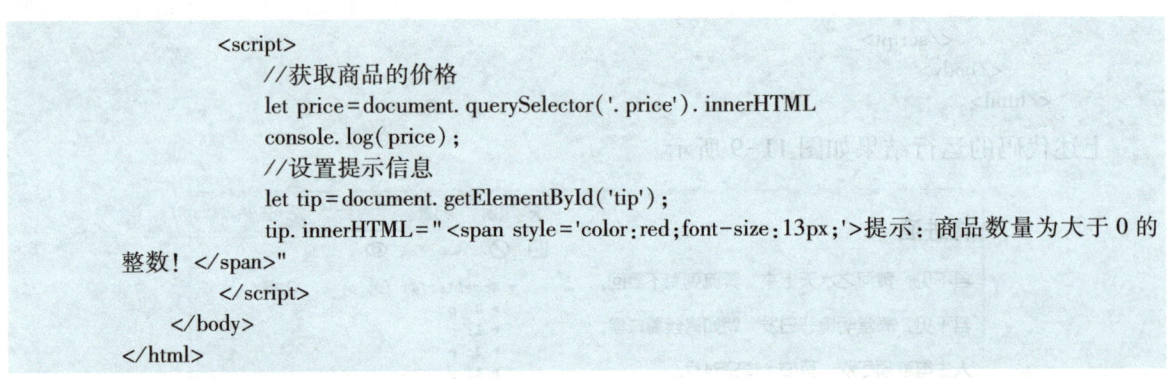
```
            <script>
                //获取商品的价格
                let price=document.querySelector('.price').innerHTML;
                console.log(price);
                //设置提示信息
                let tip=document.getElementById('tip');
                tip.innerHTML="<span style='color:red;font-size:13px;'>提示：商品数量为大于 0 的
整数！</span>"
            </script>
        </body>
</html>
```

上述代码的运行结果如图 11-10 所示。

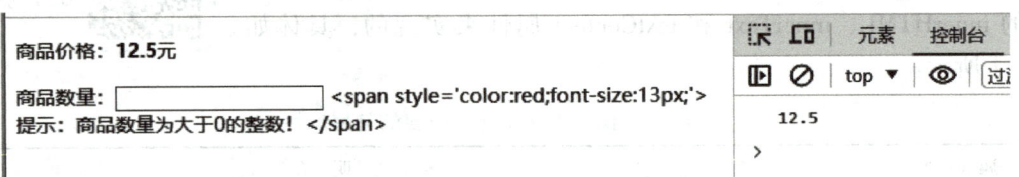

图 11-10　显示运行结果

如果将上述示例代码中的"innerHTML"换成"innerText"，则运行的结果如图 11-11 所示。

图 11-11　"innerHTML"换成"innerText"后的运行结果

2. 操作 DOM 元素属性

在 JavaScript 中，操作 DOM 元素的属性包括获取 DOM 元素属性值、设置 DOM 元素属性值和移除 DOM 元素属性。

（1）获取 DOM 元素属性值

获取 DOM 元素属性值的方法有以下 3 种方法。

1）元素对象.属性名称。

该种方法只能获取内置属性的属性值。

2）元素对象.getAttribute('属性名')。

该种方法既可以获取内置属性的值，也可以获取自定义属性的值，推荐使用此种方法。

3）元素对象.dataset.属性名。

该种方法是 HTML5 新增的方法，主要针对使用 HTML5 定义的属性（属性名的前缀为"data-"），在使用时需去掉前缀，并使用驼峰命名法。另外在使用该方法时，需要注意兼容性问题，如 IE 浏览器从 IE11 才开始支持该方法。

示例：获取 input 元素属性值。

其示例代码如下：

码 11-10　获取 DOM 元素属性值

```html
<!DOCTYPE html>
<html>
    <head>
        <meta charset="utf-8">
        <title></title>
    </head>
    <body>
        <input type="text" name="user" myid="demo" data-myindex="1">
        <script>
            let user=document.querySelector('input');
            console.log(user.name);                              //结果为 user
            console.log(user.getAttribute('name'));              //结果为 user
            console.log(user.myid);                              //结果为 undefined
            console.log(user.getAttribute('myid'));              //结果为 demo
            console.log(user.getAttribute('data-myindex'));      //结果为 1
            console.log(user.dataset.myindex);                   //结果为 1
        </script>
    </body>
</html>
```

（2）设置 DOM 元素属性值

设置 DOM 元素的属性值有以下 3 种方法。

1）元素对象.属性名称='属性值'。

该种方法只能设置内置属性的属性值。

2）元素对象.setAttribute('属性名称','属性值')。

该种方法既可以设置内置属性的值，也可以设置自定义属性的值，推荐使用此种方法。

3）元素对象.dataset.属性名='属性值'。

该种方法是 HTML5 新增的使用方法，主要针对使用 HTML5 定义的属性，即只能设置以"data-"作为前缀的自定义属性。

示例 11-1：设置 div 元素的属性值。

其示例代码如下：

```html
<!DOCTYPE html>
<html>
    <head>
        <meta charset="utf-8">
        <title></title>
    </head>
    <body>
        <div class="box">设置属性值</div>
        <script>
            let box=document.querySelector('.box');
            box.id='mybox';                          //设置内置属性 id 的值
            box.abc='test';                          //设置自定义属性值（无效）
            box.setAttribute('test','demo');         //设置自定义属性值
            box.setAttribute('data-myindex',3);      //设置自定义属性值
            box.dataset.yourIndex=4;                 //设置自定义属性值（HTML5 新增用法）
        </script>
    </body>
</html>
```

码 11-11 设置 DOM 元素属性值

运行上述代码并在浏览中查看 div 元素，结果如图 11-12 所示。

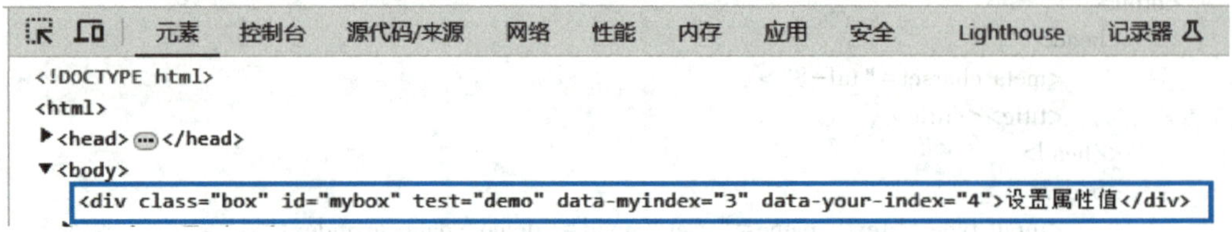

```
<!DOCTYPE html>
<html>
▶<head>...</head>
▼<body>
    <div class="box" id="mybox" test="demo" data-myindex="3" data-your-index="4">设置属性值</div>
```

图 11-12 div 元素属性

示例 11-2：操作 img 元素的 src 属性实现显示图片的动态控制。

示例代码如下：

```html
<!DOCTYPE html>
<html>
    <head>
        <meta charset="utf-8">
        <title></title>
    </head>
    <body>
        <input type="button" value="孺子牛">  
        <input type="button" value="拓荒牛">  
        <input type="button" value="老黄牛">
        <hr>
        <img src="images/11-1.jpg">
        <script>
            //获取元素
            let inputs=document.getElementsByTagName("input");
            let img=document.querySelector("img")
            //注册事件处理程序
            inputs[0].onclick=function(){
                img.src="images/11-1.jpg";
            }
            inputs[1].onclick=function(){
                img.src="images/11-2.jpg";
            }
            inputs[2].onclick=function(){
                img.src="images/11-3.jpg";
            }
        </script>
    </body>
</html>
```

上述代码的运行效果如图 11-13、图 11-14 和图 11-15 所示。

示例 11-3：操作 input 元素的 disabled 属性实现对 input 元素可用性的控制。

示例代码如下：

```html
<!DOCTYPE html>
<html>
    <head>
        <meta charset="utf-8">
        <title></title>
    </head>
```

```
<body>
    邀请码：
    <input type="text" name="key">  
    <input type="button" value="锁定">
    <script>
        //获取元素
        let inputs = document.querySelectorAll("input");
        //注册事件处理程序
        let flag = 0;            //通过 flag 控制按钮的文本切换
        inputs[1].onclick = function() {
            if(flag == 0) {
                flag = 1;
                this.value = "解锁";
                inputs[0].disabled = true;
            } else {
                flag = 0;
                this.value = "锁定";
                inputs[0].disabled = false;
            }
        }
    </script>
</body>
</html>
```

图 11-13 "孺子牛"效果图

图 11-14 "拓荒牛"效果图 1

图 11-15 "老黄牛"效果图

上述代码的运行效果如图 11-16 和图 11-17 所示。

图 11-16 未锁定效果   图 11-17 锁定效果

（3）移除 DOM 元素属性

移除 DOM 元素属性的语法格式如下：

元素对象.removeAttribute('属性名称')

码 11-12 移除 DOM 元素属性

示例 11-4：移除 div 标签属性。

示例代码如下：

```html
<!DOCTYPE html>
<html>
    <head>
        <meta charset="utf-8">
        <title></title>
    </head>
    <body>
        <div id="test" class="top" index="2" data-subtop="yes" >移除属性</div>
        <script>
            let div=document.querySelector('div');
            div.removeAttribute('id');
            div.removeAttribute('class');
            div.removeAttribute('index');
            div.removeAttribute('data-subtop');
        </script>
    </body>
</html>
```

运行上述代码并在浏览中查看 div 元素，结果如图 11-18 所示。

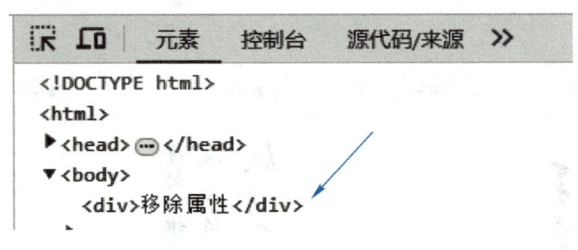

图 11-18　移除 div 属性

3. 操作 DOM 元素样式

操作 DOM 元素样式的方法有两种，一种是操作 DOM 元素的 style 属性，另一种是操作 DOM 元素的 className 属性。

（1）操作 DOM 元素的 style 属性

在 JavaScript 中，可以通过操作 DOM 元素的 style 属性添加 DOM 元素的 CSS 样式，语法格式如下：

码 11-13　操作 DOM 元素 style 属性

> 元素对象.style.样式属性名='样式属性值'

需要注意，样式属性名对应 CSS 样式名，但需要去掉 CSS 样式名里的半字线"-"，并将半字线后面的英文的首字母大写。

操作 DOM 元素的 style 属性添加 DOM 元素的 CSS 样式的示例代码如下：

```html
<!DOCTYPE html>
<html>
    <head>
        <meta charset="utf-8">
        <title></title>
    </head>
    <body>
```

```
        <img src="images/11-4.jpg">
        <script>
            let img=document.querySelector("img");
            img.style.borderRadius='50%';
            img.style.border='1px solid lightgray';
            img.style.padding='20px';
            img.style.boxShadow='5px 6px 18px gray inset'
        </script>
    </body>
</html>
```

上述代码的运行效果如图 11-19 所示。

码 11-14　操作 DOM 元素 className 属性

图 11-19　运行效果

（2）操作 DOM 元素的 className 属性

在 JavaScript 中，可以通过操作 DOM 元素的 className 属性给 DOM 元素添加 class 样式，语法格式如下：

元素对象.className='类名'

在使用时需注意，访问 className 属性的值表示获取元素的类名，为 className 赋值表示更改元素类名。

操作 DOM 元素的 className 属性给 DOM 元素添加 class 样式的示例代码如下：

```
<!DOCTYPE html>
<html>
    <head>
        <meta charset="utf-8">
        <title></title>
        <style>
            .box{
                width:613px;
                height:283px;
                border:1px solid gray;
                background:url(images/pic-1.jpg);
            }
            .active{
                background:url(images/pic-2.jpg);
```

```
            }
        </style>
    </head>
    <body>
        <div class="box"></div>
        <script>
            let box=document.querySelector(".box");
            box.onclick=function(){
                box.className="box active";
            }
        </script>
    </body>
</html>
```

上述代码的运行效果如图 11-20 和图 11-21 所示。

图 11-20　运行效果

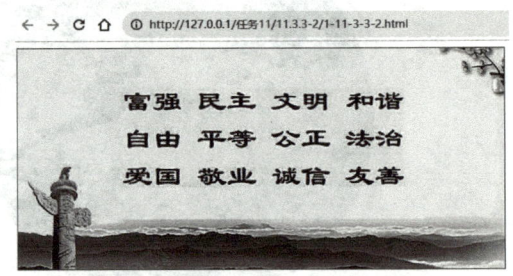

图 11-21　单击图片后的效果

为了更好地观察 box 所调用的类名，可以使用快捷键〈F12〉到元素面板中查看其变化，如图 11-22 和图 11-23 所示。

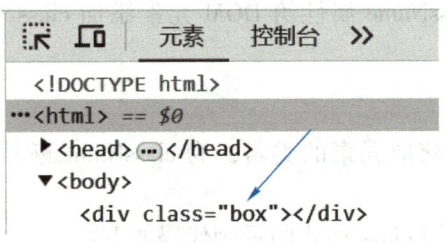

图 11-22　单击图片前

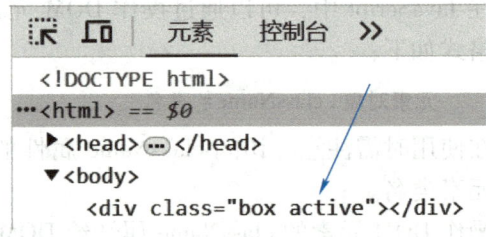

图 11-23　单击图片后

11.3　任务实施

根据分析可知，任务实施的具体步骤如下：
1）创建 HTML 文档，并编写注册页的 HTML 代码，具体代码如下：

```
<h2>用户注册</h2>
<div class="reg">
    <ul>
        <li><span class="star">*</span>账号：</li>
        <li><input type="text" name="user" id="user"></li>
        <li id="user_tip"></li>
```

```html
        </ul>
        <ul>
            <li><span class="star">*</span>密码：</li>
            <li>
                <input type="password" name="password" id="password">
                <img src="images/close.png" width="30" id="eye">
            </li>
            <li id="password_tip"></li>
        </ul>
        <ul>
            <li><span class="star">*</span>确认密码：</li>
            <li><input type="password" name="password2" id="password2"></li>
            <li id="password2_tip"></li>
        </ul>
        <ul>
            <li>真实姓名：</li>
            <li><input type="text" name="truename" id="truename"></li>
        </ul>
        <ul>
            <li><span class="star">*</span>电子邮箱：</li>
            <li><input type="email" name="email" id="email"></li>
            <li id="email_tip"></li>
        </ul>
        <ul>
            <li>手机号码：</li>
            <li><input type="tel" name="tel" id="tel"></li>
        </ul>
        <p class="btn">
            <input type="button" value="注  册" id="btn" />
        </p>
</div>
```

2）编写 CSS 样式代码，具体代码如下：

```css
*{padding:0px;margin:0px;}
h2{height:80px;line-height: 80px;text-align: center;background-color: green;color:#fff;}
.reg{width:700px;margin-left:auto;margin-right:auto;}
.reg ul{list-style: none;height:70px;}
.reg ul li{float:left;height: 70px;line-height: 70px;position: relative;}
.reg ul li input{width:330px;height:30px;border:1px solid gray;margin-top:20px;
    border-radius:15px;text-align: center;}
.reg ul li:first-child{width:180px;line-height:70px;text-align:right;}
.btn{height:70px;text-align: center;}
.btn input{width:100px;height:34px;border-radius: 16px;border:none;
    background-color:coral;color:#fff;margin-top:14px;cursor: pointer;
    box-shadow: 5px 6px 10px gray;font-weight: bold;}
.star{color:red;}
.reg ul li[id$=_tip]{color:red;margin-left:10px;}
#eye{position:absolute;right:5px;top:22px;}
```

3）编写 JavaScript 代码。

```javascript
//①获取元素
let user=document.getElementById('user');
```

```javascript
let user_tip=document.getElementById('user_tip');
let password=document.getElementById('password');
let password_tip=document.getElementById('password_tip');
let password2=document.getElementById('password2');
let password2_tip=document.getElementById('password2_tip');
let truename=document.getElementById('truename');
let email=document.getElementById('email');
let email_tip=document.getElementById('email_tip');
let tel=document.getElementById('tel');
let btn=document.getElementById('btn');
let eye=document.getElementById('eye');
//②给注册按钮绑定事件处理程序
btn.onclick=function(){
    //对必填信息项进行非空判断
    if(user.value==''){
        user.style.borderColor='red';
        user_tip.innerText='请输入账号！';
    }else{
        user.style.borderColor='gray';
        user_tip.innerText='';
    }
    if(password.value==''){
        password.style.borderColor='red';
        password_tip.innerText='请输入密码！';
    }else{
        password.style.borderColor='gray';
        password_tip.innerText='';
    }
    if(password2.value==''){
        password2.style.borderColor='red';
        password2_tip.innerText='请再次输入密码！';
    }else{
        password2.style.borderColor='gray';
        password2_tip.innerText='';
    }
    if(email.value==''){
        email.style.borderColor='red';
        email_tip.innerText='请输入电子邮箱！';
    }else{
        email.style.borderColor='gray';
        email_tip.innerText='';
    }
}
//③给眼睛图片绑定事件处理程序
let flag=0;
eye.onclick=function(){
    if(flag==0){
        password.type='text';
        password2.type='text';
        eye.src='images/open.png';
        flag=1;
    }else{
        password.type='password';
```

```
                password2. type='password';
                eye. src='images/close. png'
                flag=0;
            }
        }
```

11.4 证赛观测

1. 对接 1+X "Web 前端开发" 职业技能等级证书情况

该任务所学知识对接"Web 前端开发"职业技能等级要求（初级）的情况如下：

工作领域：2 JavaScript 网页编程。

工作任务：2.3 JavaScript 交互效果开发。

职业技能要求：2.3.2 能使用 DOM 对象操作网页元素；2.3.3 能使用 JavaScript 修改网页元素样式。

2. 对接技能竞赛情况

同任务 1 的赛项。

11.5 课后练习

1．（单选题）下列选项中，可用于获取第一个 p 元素的是（   ）。

  A．document. querySelector('p')

  B．document. getElementsByTagName('p')

  C．document. getElementsByName('p')

  D．document. querySelectorAll('p')

2．（单选题）下列选项中，可以作为 DOM 的 style 属性操作的样式名为（   ）。

  A．font-Size   B．fontFamily   C．textalign   D．以上都是

3．（单选题）关于获取元素，下列描述不正确的是（   ）。

  A．document. querySelectorAll 返回的是元素集合

  B．document. getElementById 返回的是单个元素

  C．document. getElementsByTageName 返回的是单个元素

  D．document. getElementsByName 返回的是元素集合

4．（单选题）能够获取 p 元素的 myid 属性值的是（   ）。

  A．p. mydi   B．p. getAttribute('myid')   C．p. dataset. myid   D．以上都不是

5．（单选题）以下 4 个选项中，不能够向元素内部写入内容的是（   ）。

  A．innerHTML   B．innerText   C．document. write   D．textContent

6．（单选题）关于操作 DOM 元素的样式，说法正确的是（   ）。

  A．可以通过操作元素 link 属性来操作元素样式

  B．只能通过操作元素 className 属性来操作元素样式

  C．只能通过操作元素 style 属性来操作元素样式

  D．可以通过操作元素 style 属性和 className 属性来操作元素样式

7．（操作题）使用相关知识实现全选效果，如图 11-24 和图 11-25 所示。

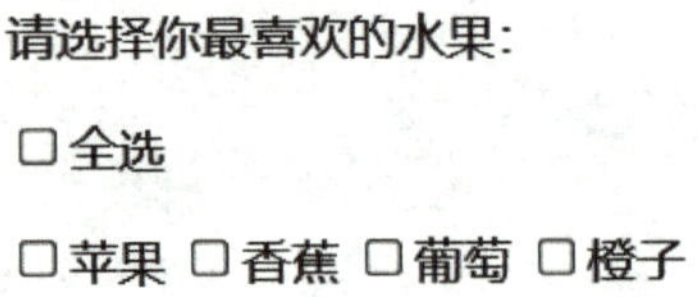

请选择你最喜欢的水果：　　　　　　　　请选择你最喜欢的水果：

☐ 全选　　　　　　　　　　　　　　　☑ 全选

☐ 苹果　☐ 香蕉　☐ 葡萄　☐ 橙子　　　☑ 苹果　☑ 香蕉　☑ 葡萄　☑ 橙子

图 11-24　单击全选按钮前 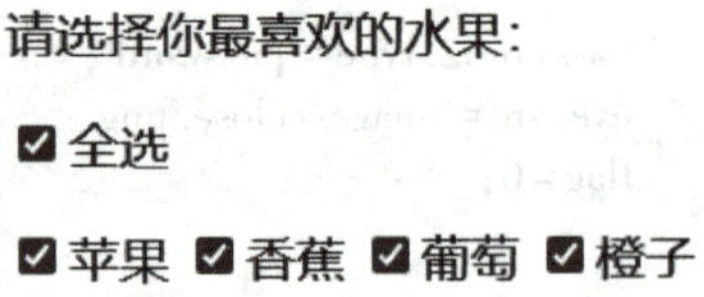　　　　　　图 11-25　单击全选按钮后

8. （操作题）使用相关知识实现隔行变色的效果，如图 11-26 所示。

学生信息列表

ID	姓名	学号	性别	年龄	专业
1	李明	20230203	男	19	计算机网络技术
2	张丰	20230204	男	18	计算机网络技术
3	陈红	20230523	女	19	大数据技术
4	张扬	20230205	男	20	计算机网络技术

图 11-26　隔行变色效果图

任务 12　制作 Tab 栏显示古诗信息

【知识目标】
- 认识排他思想；
- 了解排他思想的优势；
- 掌握排他思想的应用。

【技能目标】
- 能够结合案例分析排他思想的应用；
- 能够使用排他思想制作 Tab 切换效果。

【素质目标】
- 培养学生的逻辑分析能力；
- 增强学生的文化自信。

码 12-0　品故事悟道理："熄灭的火把"与共享的智慧

【知识导图】

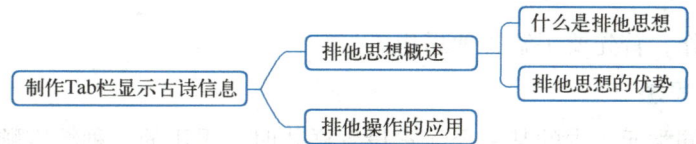

12.1　任务描述与分析

码 12-1　任务效果演示

本任务是制作 Tab 栏效果显示古诗的原文、译文、注释和赏析。本任务具体的业务逻辑为单击 Tab 栏的菜单时会显示相应的内容，默认情况下显示古诗原文。根据任务描述可知，要实现该效果，需要了解什么是排他思想以及如何使用排他思想，该任务具体的实现思路如下：

1）创建 HTML 文档并编写页面的 HTML 代码。
2）编写 CSS 代码。
3）编写 JavaScript 代码，实现单击菜单项时，改变菜单项的背景颜色和显示相应的内容，具体步骤如下：
① 获取菜单项以及其所对应的内容列表等相关元素。
② 遍历菜单项，给每个菜单项设置索引，并绑定单击事件。在事件中：使用排他思想实现单击菜单项改变背景颜色；获取当前菜单索引；使用排他思想显示与当前菜单项目对应的内容。

任务效果如图 12-1、图 12-2、图 12-3 和图 12-4 所示。

图 12-1　显示原文

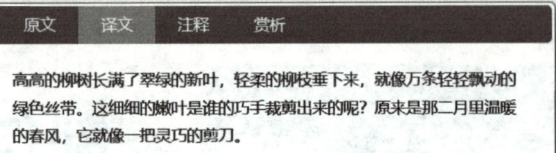

图 12-2　显示译文

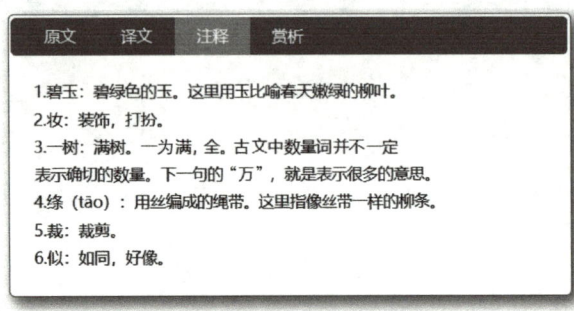

图 12-3　显示注释

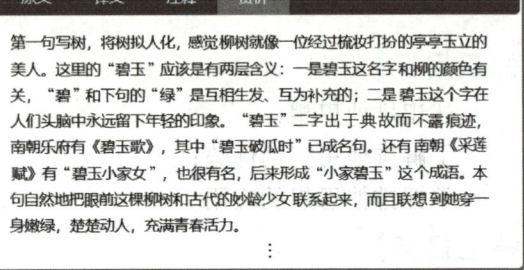

图 12-4　显示赏析

12.2　知识学堂

码 12-2　排他思想概述

12.2.1　排他思想概述

要应用排他操作，首先要了解排他思想。

1. 什么是排他思想

排他思想是为同类元素中的某一个元素设置样式时，采用的一种特定顺序，简单理解就是排除掉其他的（包括自己），然后再给自己设置想要实现的效果。

2. 排他思想的优势

排他思想适用于为多个同类元素设置样式或效果的情况。排他思想能够避免为单个元素重复设置相同的样式，可以有效地显示出用户操作下某一元素的改变。

12.2.2　排他操作的应用

应用排他操作的步骤如下：

1）为全部元素清除效果。

2）为特定元素设置效果。

码 12-3　排他操作应用

以下通过示例讲解排他思想在排他操作中的应用，示例代码如下：

```
<!DOCTYPE html>
<html>
    <head>
```

```html
        <meta charset="utf-8">
        <title></title>
        <style>
            .nav{height:35px;background-color:green;}
            .nav a{display:block;float:left;height:35px;line-height:35px;
            padding-left:25px;padding-right:25px;text-decoration: none;
            color:#fff;font-size:14px;}
        </style>
    </head>
    <body>
        <div class="nav">
            <a href="#">网站首页</a>
            <a href="#">公司简介</a>
            <a href="#">新闻中心</a>
            <a href="#">产品展示</a>
            <a href="#">给我留言</a>
            <a href="#">联系我们</a>
        </div>
        <script>
            //获取元素
            let nav=document.querySelector('.nav')
            let as=nav.getElementsByTagName('a')
            //遍历 a 元素
            for(let i=0;i<as.length;i++){
                //给每个 a 元素编写单击事件
                as[i].onclick=function(){
                    //把所有 a 元素的背景颜色清除掉（排他操作第 1 步）
                    for(let i=0;i<as.length;i++){
                        as[i].style.backgroundColor=''
                    }
                    //设置当前元素背景颜色（排他操作第 2 步）
                    this.style.backgroundColor='orange'
                }
            }
        </script>
    </body>
</html>
```

在上述代码中，使用了 this 关键词。在 JavaScript 中，函数有多种调用环境，如直接通过函数名调用、作为对象的方法调用、作为构造函数调用等。根据函数不同的调用方式，函数中 this 的指向会发生变化。函数的 this 指向，通常有以下 3 种情况：

1）构造函数内部的 this 指向新创建的对象。
2）直接通过函数名调用函数时，this 会指向全局对象 window。
3）如果将函数作为对象的方法调用，则 this 将会指向该对象。

12.3　任务实施

根据分析可知，任务实施的具体步骤如下。

1) 创建 HTML 文档并编写页面的 HTML 代码，具体代码如下：

```
<div class="tab">
            <ul class="tab_menu">
                    <li class="current">原文</li>
                    <li>译文</li>
                    <li>注释</li>
                    <li>赏析</li>
            </ul>
            <ul class="tab_content">
                    <li style="display: block;">碧玉妆成一树高,<br>万条垂下绿丝绦。<br>不知细叶谁裁出,<br>二月春风似剪刀。</li>
                    <li>高高的柳树长满了翠绿的新叶，轻柔的柳枝垂下来，就像万条轻轻飘动的绿色丝带。这细细的嫩叶是谁的巧手裁剪出来的呢？原来是那二月里温暖的春风，它就像一把灵巧的剪刀。</li>
                    <li>1. 碧玉：碧绿色的玉。这里用玉比喻春天嫩绿的柳叶。<br>2. 妆：装饰，打扮。<br>3. 一树：满树。一为满，全。古文中数量词并不一定表示确切的数量。下一句的"万"，就是表示很多的意思。<br>4. 绦（tāo）：用丝编成的绳带。这里指像丝带一样的柳条。<br>5. 裁：裁剪。<br>6. 似：如同，好像。</li>
                    <li>
                            <p>第一句写树，将树拟人化，感觉柳树就像一位经过梳妆打扮的亭亭玉立的美人。这里的"碧玉"应该是有两层含义：一是碧玉这名字和柳的颜色有关，"碧"和下句的"绿"是互相生发、互为补充的；二是碧玉这个字在人们头脑中永远留下年轻的印象。"碧玉"二字出于典故而不露痕迹，南朝乐府有《碧玉歌》，其中"碧玉破瓜时"已成名句。还有南朝《采莲赋》有"碧玉小家女"，也很有名，后来形成"小家碧玉"这个成语。本句自然地把眼前这棵柳树和古代的妙龄少女联系起来，而且联想到她穿一身嫩绿，楚楚动人，充满青春活力。</p>
                            ⋮
                    </p>
                    </li>
            </ul>
</div>
```

2) 编写 CSS 代码美化页面。代码如下：

```
*{padding:0px;margin:0px;}
ul{list-style: none;}
.tab{border:1px solid green;width:500px;font-size:14px;margin:20px
    auto;padding:2px;border-radius: 5px;box-shadow: 5px 6px 12px gray;}
.tab_menu{height:35px;background-color: green;border-radius: 5px;
    padding-left:10px;}
.tab_menu li{float: left;padding-left:20px;padding-right:20px;
    height:35px;line-height: 35px;color:#fff;}
.tab_content{line-height: 25px;padding:20px;}
.tab_content li{display: none;}
.current{background-color:darkorange;}
```

3) 编写 JavaScript 代码。

```
//获取元素
        let tab_menu=document.querySelector('.tab_menu');
        let lis_menu=tab_menu.querySelectorAll('li');
        let tab_content=document.querySelector('.tab_content');
        let lis_content=tab_content.querySelectorAll('li');
        //遍历菜单，并绑定事件
        for(let i=0;i<lis_menu.length;i++){
```

```
            lis_menu[i].setAttribute('index',i);
            lis_menu[i].onclick=function(){
                //清除菜单项的背景
                for(let i=0;i<lis_menu.length;i++){
                    lis_menu[i].className='';
                }
                //设置当前菜单项的背景
                this.className='current';
                //获取当前菜单项的索引
                let index=this.getAttribute('index');
                //把所有的内容项隐藏
                for(let i=0;i<lis_content.length;i++){
                    lis_content[i].style.display='none';
                }
                //显示当前内容项
                lis_content[index].style.display='block';
            }
        }
```

12.4 证赛观测

1. 对接 1+X "Web 前端开发" 职业技能等级证书情况

该任务所学知识对接"Web 前端开发"职业技能等级要求（初级）的情况如下：

工作领域：2 JavaScript 网页编程。

工作任务：2.3 JavaScript 交互效果开发。

职业技能要求：2.3.2 能使用 DOM 对象操作网页元素；2.3.3 能使用 JavaScript 修改网页元素样式。

2. 对接技能竞赛情况

同任务 1 的赛项。

12.5 课后练习

1.（单选题）关于 JavaScript 中的排他操作，下列选项中说法错误的是（   ）。

　　A. 在制作 Tab 栏效果时可以使用排他操作实现

　　B. 排他操作的使用步骤为先排除所有元素样式，再设置当前元素样式

　　C. 排他思想只能用于制作 Tab 栏效果

　　D. 以上说法都不对

2.（实操题）用排他思想以及相关知识制作如图 12-5 所示的效果。

3.（实操题）使用排他思想以及相关知识制作如图 12-6 所示的效果。

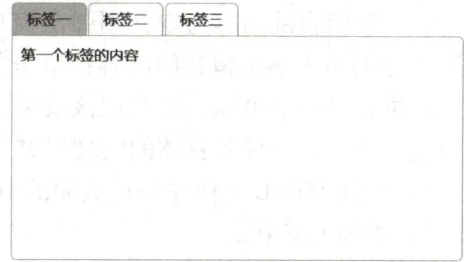

图 12-5　Tab 栏效果

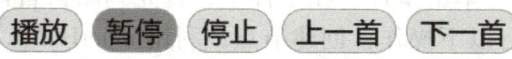

图 12-6　播放菜单

任务 13 制作留言页面

【知识目标】
- 理解什么是节点；
  - 熟悉常见节点的类型；
  - 了解节点的层级；
  - 掌握获取父节点、子节点和兄弟节点的方法；
  - 掌握如何创建节点、添加节点、删除节点和复制节点。

【技能目标】
- 能够根据需求正确获取节点；
- 能够根据需求创建节点；
- 能够根据需求添加节点；
- 能够根据需求删除节点；
- 能够根据需求复制节点。

【素质目标】
- 培养学生换位思考的能力；
- 培养学生分析问题、解决问题的能力。

【知识导图】

码 13-0 品故事悟道理：节点连接的不仅是元素，还有人心

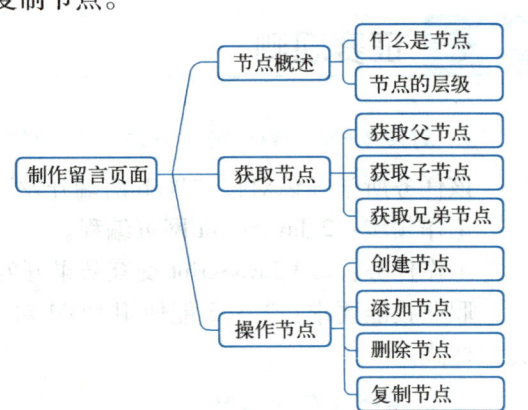

13.1 任务描述与分析

码 13-1 任务效果演示

本任务是制作留言页面，具体的业务逻辑为：单击"发布"按钮时，如果留言的内容为空，则弹出窗口输出"请输入留言内容！"；如果不为空，则在"发布"按钮的下方输出留言的内容；单击留言内容中的"删除"链接，可以删除该条留言内容。

根据任务描述可知，要实现该效果，需要了解节点的基本概念、掌握获取节点的方法和操作节点的方法。该任务具体的实现思路如下：

1) 创建 HTML 文档并编写页面的 HTML 代码。
2) 编写 CSS 代码。
3) 编写 JavaScript 代码，实现留言和删除留言的功能，具体步骤如下：
   ① 获取相关元素。
   ② 给"发布"按钮绑定单击事件。在事件中，首先判断留言内容是否为空，如果为空，则弹出窗口提示。否则执行以下操作：创建节点；利用 innerHTML 设置该节点内容；把节点添加到留言内容列表中；然后给每个 a 标签绑定单击事件，在该事件中删除 a 标签的父节点。

任务效果如图 13-1 和图 13-2 所示。

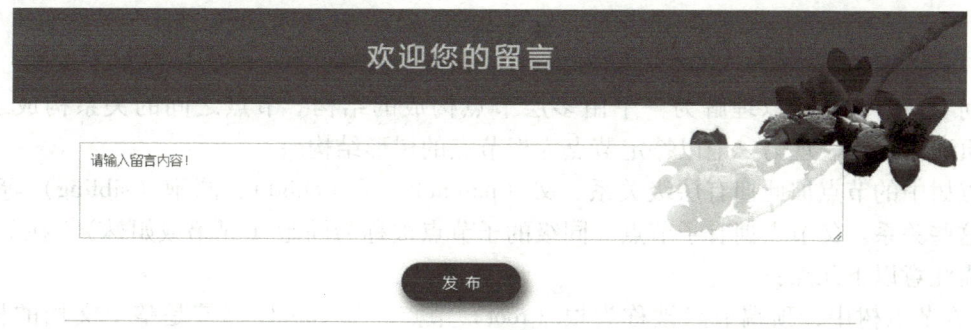

图 13-1　未发布留言

图 13-2　发布留言

13.2　知识学堂

码 13-2　节点概述

13.2.1　节点概述

1. 什么是节点

JavaScript 节点是指页面中所有的内容，包括标签、属性、文本、注释等。在 HTML DOM 树中，所有的节点均可以通过 JavaScript 进行访问，因此，可以利用节点操作的方式操作 HTML 中的元素。

JavaScript 把元素、属性以及文本当作不同的节点来处理，表示元素的叫作"元素节点"，表示属性的叫作"属性节点"，而表示文本的叫作"文本节点"。每个节点至少拥有节点类型（nodeType）、节点名称（nodeName）和节点值（nodeValue）这 3 个基本属性。DOM 节点共有 12 种类型，其中常见的如表 13-1 所示。

表 13-1　不同节点的 nodeType 属性值

节点类型	nodeType 属性值
元素节点	1
属性节点	2
文本节点	3

在实际开发中，主要操作的是元素节点，因此，可以根据 nodeType 的值来判断是否为元素节点。

2. 节点的层级

任何 HTML 文档可以理解为一个由多层节点构成的结构。节点之间的关系构成了层次，而所有页面标记都表现为一个以特定节点为根节点的树形结构。

节点树中的节点彼此拥有层级关系。父（parent）、子（child）、同胞（sibling）等术语用于描述这些关系。父节点拥有子节点。同级的子节点被称为同胞（兄弟或姐妹）。在节点的应用中，需注意以下几点：

1）在节点树中，顶端节点被称为根（root）节点，如<html>标签是整个文档的根节点，有且仅有一个。
2）每个节点都有父节点，除了根（它没有父节点）。
3）一个节点可拥有任意数量的子节点。
4）同胞是拥有相同父节点的节点。

13.2.2 获取节点

1. 获取父节点

码 13-3　获取父节点

在 JavaScript 中，经常需要操作 DOM 元素的父节点，获取父节点的方法是使用 parentNode 属性，示例代码如下：

```
<div class="father">
    <div class="child">hello JavaScript!</div>
</div>
<script>
    //获取类名为 child 的 div 元素
    let child=document.querySelector('.child');
    //获取 child 元素的父节点（father）
    let father=child.parentNode;
    //在控制台输出 father
    console.log(father);
</script>
```

上述代码的运行结果如图 13-3 所示。

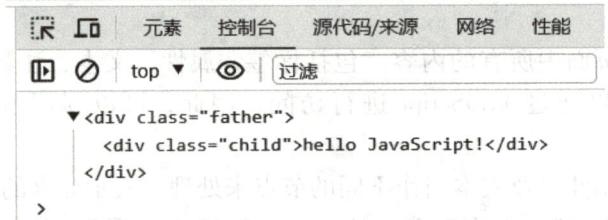

图 13-3　获取父节点

码 13-4　childNodes 属性

2. 获取子节点

在 JavaScript 中，可以使用 childNodes 属性或 children 属性两种方法来获取当前元素的子节点。

（1）childNodes 属性

childNodes 属性会返回当前元素的所有子节点的节点列表，即包括文本节点、元素节点以及其他类型的节点，如果只想获取元素节点，则需要做专门的处理，示例代码如下：

```
<ul>
    <li>第 1 个列表项</li>
    <li>第 2 个列表项</li>
    <li>第 3 个列表项</li>
    <li>第 4 个列表项</li>
</ul>
<script>
    //获取标签名为 ul 的元素
    let ul = document.querySelector('ul');
    //获取 ul 的子节点
    let lis = ul.childNodes;
    //在控制台输出 lis
    console.log(lis);
    //循环输出元素节点
    for(let i = 0; i < lis.length; i++){
        if(lis[i].nodeType === 1){    //节点类型为 1 的是元素节点
            console.log(lis[i])
        }
    }
</script>
```

上述代码的运行结果如图 13-4 所示。

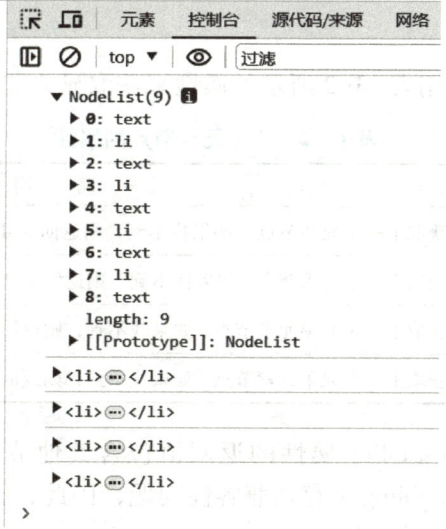

图 13-4　获取子节点

（2）children 属性

children 属性是一个可读属性，该属性会返回当前元素所有子元素的 HTML 集合。在实际的开发中，推荐使用 children 属性来获取子元素，示例代码如下：

码 13-5　children 属性

```
<div class="box">
    <p>第 1 段</p>
```

```html
        <p>第 2 段</p>
        <p>第 3 段</p>
        <p>第 4 段</p>
    </div>
    <script>
        //获取类名为 box 的元素
        let box = document.querySelector('.box');
        //获取 box 的子元素节点
        let ps = box.children;
        //在控制台输出 ps
        console.log(ps);
    </script>
```

上述代码的运行结果图 13-5 所示。

图 13-5 获取子元素节点

3. 获取兄弟节点

在 JavaScript 中，可以使用表 13-2 所示的属性来获取兄弟节点。

表 13-2 获取兄弟节点的属性

属 性 名	说 明
nextSbling	获取下一个兄弟节点，如果找不到，则返回 null
previousSibling	获取上一个兄弟节点，如果找不到，则返回 null
nextElementSibling	获取下一个兄弟元素节点，如果找不到，则返回 null
previousElementSibling	获取上一个兄弟元素节点，如果找不到，则返回 null

由于 nextSbling 和 previousSibling 属性的返回值包含其他节点，操作不方便，而 nextElementSibling 和 previousElementSibling 又存在兼容性问题，因此，在实际的应用中，通常会封装函数来获取元素节点。示例代码如下：

```javascript
function getNextElementSibling(element) {
    let ele = element;
    while (ele = ele.nextSibling) {
        if (ele.nodeType === 1) {
            return ele;
        }
    }
}
```

13.2.3 操作节点

1. 创建节点

码 13-6 创建节点

在 DOM 中,可以使用 document 对象的 createElement 方法创建节点,其语法格式如下:

```
document.createElement('TagName')
```

创建节点的示例代码如下:

```
<script>
    //创建一个 p 节点
    let p=document.createElement('p');
    //在控制台输出节点 p
    console.log(p);         //输出的结果为:<p></p>
</script>
```

在 JavaScript 中,除了能使用 document.createElement()方法创建节点外,还有以下两种方法也能创建节点。

1) document.write()。使用 document.write()方法能够创建元素,但使用的时候需要注意,如果页面文档流加载完毕,则再调用会导致页面重绘。

2) element.innerHTML。element.innerHTML 能够将 HTML 内容写入某个 DOM 节点,该种方法不会导致页面重绘。

2. 添加节点

码 13-7 添加节点

在 DOM 中,提供了两种方法用于添加节点,具体如表 13-3 所示。

表 13-3 添加节点方法

方　　法	说　　明
appendChild(子节点)	将一个节点添加到父节点的子节点列表末尾
insertBefore(添加的子节点、指定的子节点)	将节点添加到父节点的子节点列表开头

添加节点的示例代码如下:

```
<h3>图书列表</h3>
<ul class="booklist">
    <li>Photoshop 图像处理与制作</li>
</ul>
<script>
    //获取元素
    let booklist=document.querySelector('.booklist');
    //创建节点 li1 和 li2
    let li1=document.createElement('li');
    let li2=document.createElement('li');
    //往节点里写入内容
    li1.innerText='工作手册式 CMS 建站实践';
    li2.innerText='项目驱动式信息系统开发实训教程';
    //把节点添加到 booklist 中
    booklist.appendChild(li1);                              //添加到列表末尾
    booklist.insertBefore(li2,booklist.children[0]);        //添加到列表开头
</script>
```

上述代码的运行结果如图 13-6 所示。

> **图书列表**
> - 项目驱动式信息系统开发实训教程
> - Photoshop 图像处理与制作
> - 工作手册式CMS建站实践

图 13-6 添加节点

码 13-8 删除节点

3. 删除节点

在 DOM 中，可以使用 document 对象的 removeElement( ) 方法删除一个子节点，并返回删除的节点，其语法格式如下：

```
document.removeElement(ele)
```

删除节点的示例代码如下：

```
<h3>图书列表</h3>
<ul class="booklist">
    <li>PHP 程序设计基础</li>
    <li>Photoshop 图像处理与制作</li>
    <li>工作手册式 CMS 建站实践</li>
</ul>
<script>
    //获取元素
    let booklist=document.querySelector('.booklist');
    //删除 booklist 的第 2 个子节点
    booklist.removeChild(booklist.children[1])
</script>
```

上述代码的运行结果如图 13-7 所示。

> **图书列表**
> - PHP程序设计基础
> - 工作手册式CMS建站实践

图 13-7 删除节点

码 13-9 复制节点

4. 复制节点

复制节点，也称为克隆节点或拷贝节点，在 DOM 中，复制节点主要是通过 cloneNode( ) 方法来实现的。复制节点的语法格式如下：

```
需要被克隆的节点.cloneNode(true/false)
```

在复制节点时需注意，如果小括号里的参数为空或 false，则是浅拷贝，即只复制节点本身，不复制里面的子节点；如果小括号里的参数为 true，则是深拷贝，即会复制节点本身及里面所有的子节点。复制节点的示例代码如下：

```
<input type="button" value="复制节点">
<hr>
<h3>我喜欢的水果:</h3>
<ul id="myfruit">
    <li>草莓</li>
    <li>橙子</li>
    <li>苹果</li>
</ul>
<h3>复制过来的节点:</h3>
<ul id="copy"></ul>
<script>
    let btn=document.querySelector('input')
    btn.onclick=function(){
        let apple=document.querySelector('#myfruit').children[2];
        let cloneApple=apple.cloneNode(true)
        document.getElementById('copy').appendChild(cloneApple);
    }
</script>
```

上述代码的运行结果如图 13-8 和图 13-9 所示。

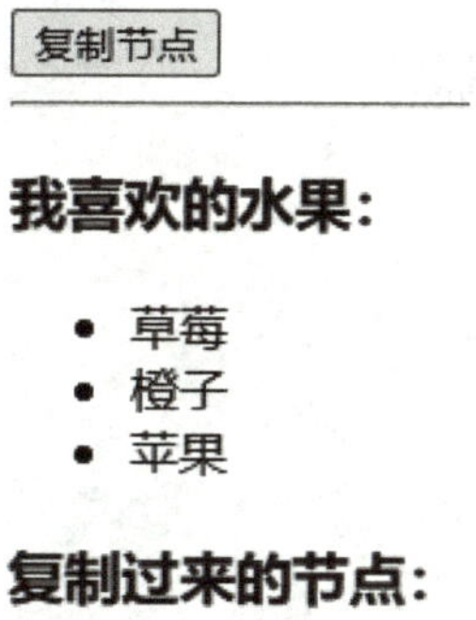

图 13-8　复制节点前

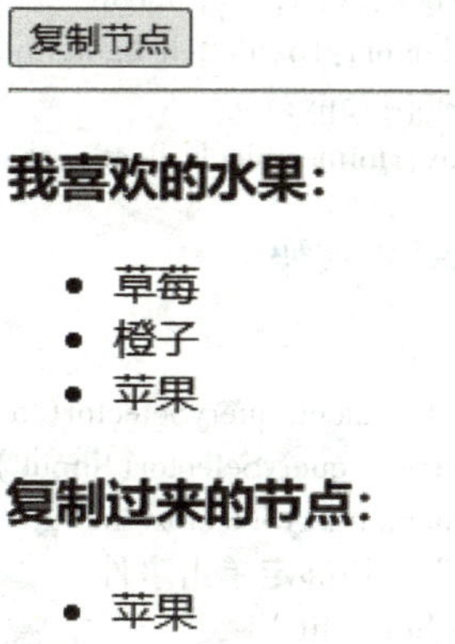

图 13-9　复制节点后

13.3　任务实施

根据分析可知,任务实施的具体步骤如下。

1. 创建 HTML 文档并编写页面的 HTML 代码

具体代码如下:

```
<div class="top">欢迎您的留言</div>
<div class="main">
    <p><textarea name="" id="" cols="110" rows="5" placeholder="请输入留言内容!">
</textarea></p>
    <p><input type="button" value="发   布"></p>
    <ul></ul>
</div>
```

2. 编写 CSS 代码美化页面

```css
/* 全局样式 */
*{padding:0px;margin:0px;}
a{text-decoration: none;}
body{background: url(images/木棉花.jpg) right top no-repeat;
    background-size:340px;}
/* 页头样式 */
.top{text-align:center;height:100px;line-height:100px;background-color: green;
    color:yellow;opacity:.8;letter-spacing: 4px;font-size:28px;font-family: 微软雅黑;}
/* 主体样式 */
.main{width:800px;margin:20px auto;padding:20px;}
.main p:first-child{text-align: center;}
.main textarea{border:1px solid lightgray;padding:10px;opacity: .9;}
.main p:nth-child(2){text-align: center;margin-top:20px;}
.main p:nth-child(2) input{width:120px;height:40px;border:none;
    border-radius: 20px;background-color:green;color:#fff;font-size:15px;
    cursor:pointer;box-shadow: 4px 6px 12px gray;}
ul{margin-top:20px;list-style-type: none;border-top:1px solid lightgray;}
ul li{min-height:30px;line-height: 30px;width:95%;padding:10px;
    border-bottom:1px dotted lightgray;margin-left:auto;margin-right:auto;
    margin-top:15px;}
ul li a{display: inline-block;float:right;margin-right:10px;}
```

3. 编写 JavaScript 代码

```javascript
//获取元素
let textarea=document.querySelector('textarea');
let btn=document.querySelector('input');
let ul=document.querySelector('ul');
//给"发布"按钮绑定单击事件
btn.onclick=function(){
    if(textarea.value==""){
        alert('请输入留言内容！');
        textarea.focus();
    }else{
        //创建节点 li，并向节点里写入内容
        let li=document.createElement('li');
        li.innerHTML=textarea.value+'<a href="javascript:">删除</a>';
        //把节点 li 添加到 UL 子节点列表的开头
        ul.insertBefore(li,ul.children[0]);
        textarea.value="";
        //删除留言功能
        let as=document.querySelectorAll('a');
        for(let i=0;i<as.length;i++){//给每个 a 标签绑定单击事件
            as[i].onclick=function(){
                ul.removeChild(this.parentNode);
            }
        }
    }
}
```

13.4 证赛观测

1. 对接 1+X "Web 前端开发" 职业技能等级证书情况

本项目所学知识对接 "Web 前端开发" 职业技能等级要求（初级）的情况如下：

工作领域：2 JavaScript 网页编程。

工作任务：2.3 JavaScript 交互效果开发。

职业技能要求：2.3.2 能使用 DOM 对象操作网页元素。

2. 对接技能竞赛情况

同任务 1 的赛项。

13.5 课后练习

1. （单选题）关于 JavaScript 节点的说法不正确的是（　　）。
   A. JavaScript 节点指页面中所有的内容，包括标签、属性、文本、注释等
   B. 节点拥有节点类型、节点名称、节点值这 3 个基本属性
   C. 一个节点可拥有任意数量的子节点
   D. 每个节点都有父节点
2. （单选题）元素节点的 nodeType 值是（　　）。
   A. 3　　　　　　B. 2　　　　　　C. 1　　　　　　D. 4
3. （单选题）在 JavaScript 中，可以用来获取元素 p 的父级节点的是（　　）。
   A. p.parent　　　B. p.parentElemen　　C. p.parents　　　D. p.parentNode
4. （单选题）在 JavaScript 中，关于 childNodes 属性的描述正确的是（　　）。
   A. childNodes 属性只返回元素节点
   B. childNodes 属性只返回文本节点
   C. childNodes 属性返回当前元素的所有子节点的集合
   D. childNodes 属性只返回属性节点
5. （单选题）在 JavaScript 中，关于 children 属性说法正确的是（　　）。
   A. children 属性返回所有子级元素节点集合
   B. children 属性返回所有子级文本节点集合
   C. children 属性返回所有子级属性节点集合
   D. children 属性返回所有子节点集合
6. （单选题）在以下 4 个选项中，能够创建节点 p 的方法是（　　）。
   A. createNode()　　B. createElement()　　C. createNodes()　　D. createElements
7. （单选题）在 JavaScript 中，appendChild() 方法的作用是（　　）。
   A. 删除指定的子节点
   B. 在指定的节点前面添加节点
   C. 在指定的节点后面添加节点
   D. 将一个节点添加到父节点的子节点列表末尾
8. （单选题）在 JavaScript 中，能够将节点添加到父节点的子节点列表开头的方法是（　　）。

A. appendChile()　　　B. firstChild()　　　C. insertBefore　　　D. firstNode()

9. （实操题）制作如图 13-10 和图 13-11 所示的下拉菜单效果。

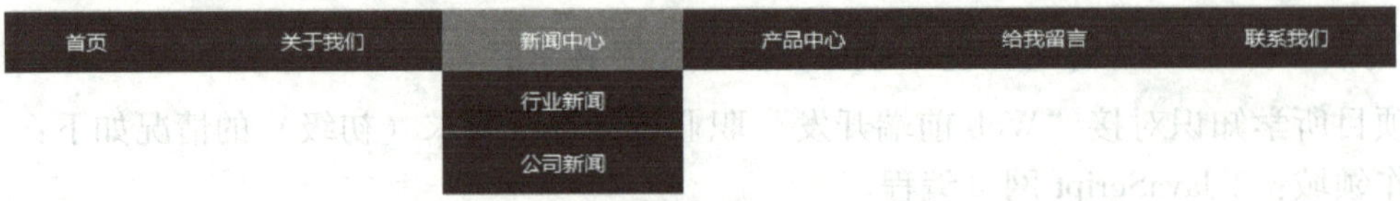

图 13-10　新闻中心下拉菜单

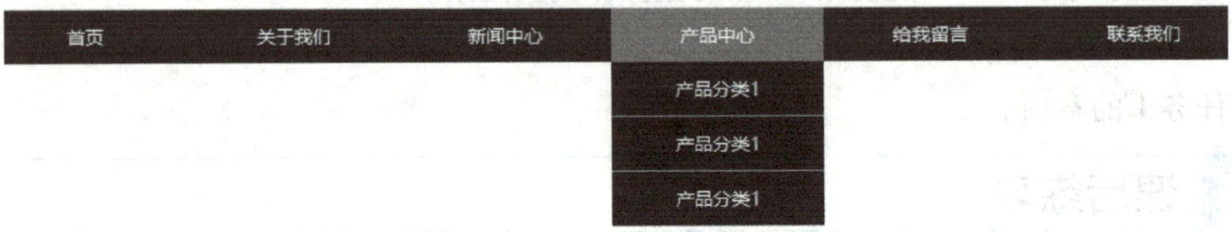

图 13-11　产品中心下拉菜单

任务 14 模拟 LED 显示屏效果

【知识目标】
- 理解什么是事件；
- 了解事件三要素；
- 掌握如何注册、删除事件；
- 了解什么是事件对象；
- 掌握如何使用事件对象；
- 掌握阻止事件默认行为和事件冒泡的方法；
- 掌握事件委托的方法；
- 掌握常见事件的应用；
- 了解防抖与节流技术。

【技能目标】
- 能够根据需求使用事件对象；
- 能够根据需求阻止事件对象的默认行为和事件冒泡；
- 能够使用事件委托的方法给子元素注册事件；
- 能够使用常见事件实现相关的业务逻辑与页面效果。

【素质目标】
- 培养学生的创新精神；
- 增强学生的环保意识。

【知识导图】

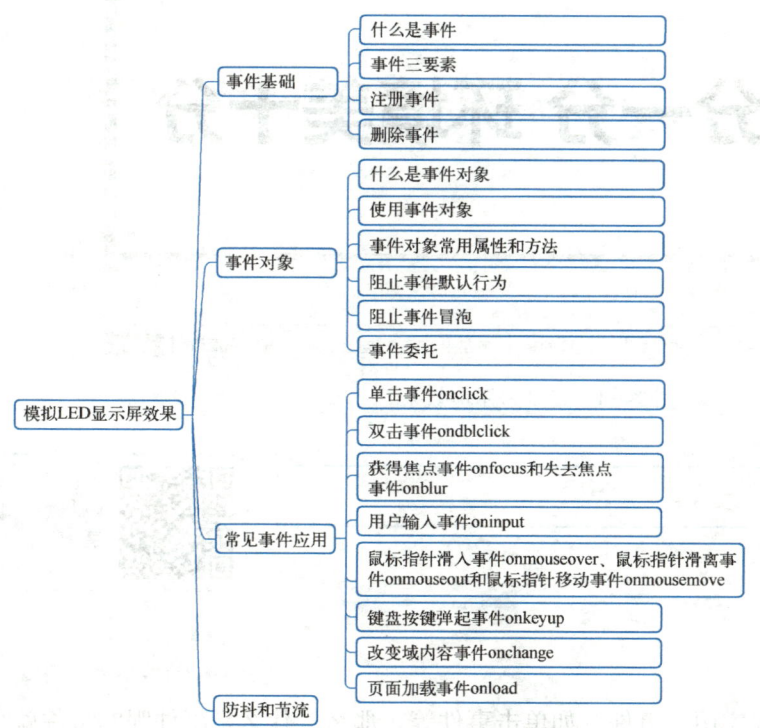

码 14-0 品故事 悟道理：按钮里的回响——监听事件所引发的成长

14.1 任务描述与分析

码 14-1 任务效果演示

本任务是使用 JavaScript 及相关知识，模拟制作 LED 显示屏效果。任务具体的业务逻辑为：在文本区域输入文字并失去焦点后，文字将会在显示屏上显示，并且由右向左移动（默认），字体为红色（默认）；单击颜色按钮可以改变显示屏文字颜色；单击字体大小按钮可以改变显示屏文字大小；单击方向按钮可以改变显示屏上文字移动的方向；单击关闭按钮，显示屏和文本区域的字符将会被清空。

根据任务描述可知，要实现该效果，需要掌握事件基础、事件对象、常见事件应用等知识，该任务具体的实现思路如下：

1）创建 HTML 文档并编写页面的 HTML 代码。
2）编写 CSS 代码。
3）编写 JavaScript 代码，实现相关的功能，具体步骤如下：
① 获取相关元素。
② 给文本区域注册事件，实现在文本区域输入的文字会在 LED 屏上显示。
③ 编写代码进行 LED 屏字体颜色函数设置，并给颜色按钮注册事件。
④ 编写代码进行 LED 屏字体大小函数设置，并给字体大小按钮注册事件。
⑤ 编写代码进行 LED 屏字体移动方向函数设置，并给方向按钮注册事件。
⑥ 编写代码实现鼠标指针滑入、滑离 LED 屏的效果。
⑦ 编写代码实现关闭 LED 屏效果。

LED 显示屏效果如图 14-1 所示。

图 14-1 LED 显示屏效果

14.2 知识学堂

码 14-2 什么是事件

14.2.1 事件基础

1. 什么是事件

在前面的任务中，已多次应用了事件，如单击事件等，那么，什么是事件呢？事件就是指在特定条件下执行的代码块。在 JavaScript 中，事件通常是由用户的交互行为触发的，例如单击鼠标左键、按键盘按键、加载页面、提交表单、鼠标指针移入/移出等。事件通常与函数配合使用，当事件被触发时，JavaScript 就会自动执行该事件相关的代码块或所绑定的事件处理函数，从而实现特定的功能。

2. 事件三要素

一个完整的 JavaScript 事件由事件源、事件类型、事件处理程序三部分组成，又称为事件三要素。

1）事件源：触发事件的元素或对象，可以理解为"谁触发了事件"。
2）事件类型：触发事件的操作，可以理解为"触发了什么事件"。
3）事件处理程序：事件触发后要执行的代码块（通常为函数形式），可以理解为"触发事件以后要做什么"。

在实际的开发中，通常是按"获取事件元素→注册（绑定）事件→编写事件处理函数"的顺序去应用事件。

3. 注册事件

注册事件通常又称为绑定事件，即给事件源绑定事件操作，并编写事件处理程序。注册事件有两种方式。以下通过单击按钮跳转到指定网站为例，来讲解这两种方式的应用。

码 14-3 注册事件

（1）传统方式注册事件

使用传统方式注册事件有以下 3 种方法。

1）在 HTML 事件源中绑定事件并编写事件处理程序，示例代码如下：

```
<button onclick="window.location.href='https://www.xuexi.cn/'">跳到学习强国网站</button>
```

2）在 HTML 事件源中绑定事件并调用 JavaScript 脚本中的事件处理函数，示例代码如下：

```
<button onclick="gotoxuexi()">跳到学习强国网站</button>
<script>
//事件处理函数
    function gotoxuexi(){
        window.location.href='https://www.xuexi.cn/';
    }
</script>
```

3）在 JavaScript 脚本中获取事件源并绑定事件处理函数，示例代码如下：

```
<button class="btn">跳到学习强国网站</button>
<script>
//第一步：获取事件源
let btn=document.querySelector('.btn');
//第二步：绑定事件
btn.onclick=function(){      //第三步：添加事件处理函数
    window.location.href='https://www.xuexi.cn/';
}
</script>
```

（2）事件监听方式注册事件

使用事件监听的方式注册事件，主要是通过 addEventListener() 方法来实现的。通过该种方式，可以给同一个事件添加多个事件处理程序，其语法格式如下：

```
element.addEventListener(event, function, useCapture)
```

参数说明:

event: 事件名称,在应用时需注意,不要使用"on"前缀,例如,使用"click",而不是使用"onclick"。

function: 事件处理程序,通常为函数。

useCapture: 指定事件是否在捕获或冒泡阶段执行。默认值为 false,表示在冒泡阶段完成事件处理,如果值为 true,则表示在捕获阶段完成事件处理。

事件监听方式注册事件的示例代码如下:

```html
<button>事件监听</button>
<script>
    let btn = document.querySelector('button');
    //添加第 1 个事件处理程序
    btn.addEventListener('click',function(){
        console.log('态度决定一切');
    })
    //添加第 2 个事件处理程序
    btn.addEventListener('click',function(){
        console.log('细节决定成败');
    })
</script>
```

上述代码的运行结果如图 14-2 所示。

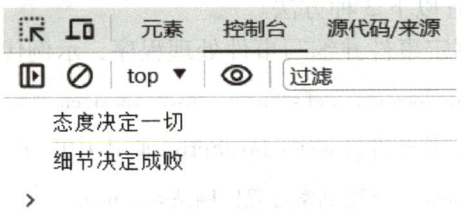

图 14-2 事件监听方式注册事件

4. 删除事件

在实际开发中,有时需要删除事件,其语法格式如下:

```
DOM 对象.onclick = null;
DOM 对象.removeEventListener(event, function)
```

在上述语法中,参数 event 值的设置与事件监听方式注册事件相同。

14.2.2 事件对象

码 14-4 使用事件对象

1. 什么是事件对象

事件对象是事件一系列相关数据的集合,主要用来记录事件发生时的相关信息。事件对象只有在事件发生时才会产生,并且只能在事件处理函数内部访问,在所有事件处理函数运行结束后,事件对象就被销毁!

2. 使用事件对象

在事件触发时,JavaScript 将会产生事件对象,并且会以形参的形式传给事件处理函数,因此，在事件处理函数中，需要使用一个形参接收事件对象 event，具体的语法格式如下：

```
DOM 对象.事件=function(event){}
```

获取事件对象的示例代码如下。

```
<input type="button" value="获取事件对象" />
<script>
    let btn=document.querySelector('input');
    btn.onclick=function(e){
        let event=e;            //获取事件对象
        console.log(event);
    }
</script>
```

运行上述代码后，在控制台中可看到事件对象的相关信息，包括所有事件的属性、方法等。

3. 事件对象常用属性和方法

在事件发生后，事件对象 event 中不仅包含着与特定事件相关的信息，还会包含一些所有事件都有的属性和方法。所有事件基本上都包括的常用属性和方法如表 14-1 所示。

表 14-1 事件对象常用属性和方法

属性（方法）	说　　明
e.target	返回触发事件的对象
e.type	返回事件类型
e.stopPropagation()	阻止事件冒泡
e.preventDefault()	阻止事件默认行为

4. 阻止事件默认行为

码 14-5　阻止事件默认行为

在使用 JavaScript 处理事件时，有时需要阻止事件的默认行为，以避免一些不必要的操作或对页面产生不良的影响。在实际的开发中，可以使用 e.preventDefault() 来阻止事件的默认行为。示例代码如下：

```
<a href="http://www.baidu.com">百度</a>
<script>
    let a=document.querySelector('a');
    a.onclick=function(e){
        e.preventDefault();          //阻止默认行为
    }
</script>
```

运行上述代码后，单击"百度"超链接，此时并没有跳转到百度网站，说明该<a>标签的跳转行为已被阻止。

5. 阻止事件冒泡

码 14-6　阻止事件冒泡

事件冒泡是指事件从内层的元素开始向外层元素传递。比如在一个嵌套的 HTML 结构中，单击最里层的子元素，事件会从该子元素开始，依次向上层父元素传递，直到传递到整个文档的根节点。但在实际的开发中，有时需要阻止事件冒泡，以避免对外层元素造成影响。

要阻止事件冒泡，可以使用 e.stopPropagation( ) 方法来实现，示例代码如下：

```html
<!DOCTYPE html>
<html>
    <head>
        <meta charset="utf-8">
        <title></title>
        <style>
            div{border:1px solid blue;padding:30px;float:left;}
        </style>
    </head>
    <body>
        <div class="bigBox">
            <div class="middleBox">
                <div class="smallBox"></div>
            </div>
        </div>
        <script>
            //获取元素
            let bigBox=document.querySelector('.bigBox');
            let middleBox=document.querySelector('.middleBox');
            let smallBox=document.querySelector('.smallBox');
            //绑定事件
            bigBox.onclick=function(){
                console.log('bigBox');
            }
            middleBox.onclick=function(){
                console.log('middleBox');
            }
            smallBox.onclick=function(e){
                e.stopPropagation();    //阻止事件冒泡
                console.log('smallBox');
            }
        </script>
    </body>
</html>
```

运行上述代码并在 smallBox 范围内单击，结果如图 14-3 所示。如果把上述代码中的"e.stopPropagation( );"删除，则运行的结果如图 14-4 所示。

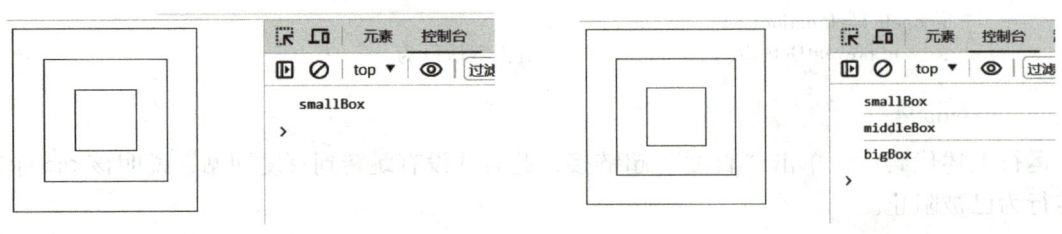

图 14-3　阻止冒泡　　　　　　　　　图 14-4　没有阻止冒泡

从上述的运行结果可知，阻止 smallBox 事件冒泡，控制台只输出了"smallBox"，这说明事件没有向外层传播。如果没有阻止 smallBox 的事件冒泡，则控制台输出了"smallBox""middleBox""bigBox"，这说明事件向外传播，导致 middleBox 和 bigBox 元素的单击事件被触发了。

6. 事件委托

事件委托是一种在 JavaScript 中处理事件的技术。它利用了事件的冒泡机制，将事件处理程序绑定到它们共同的祖先元素上，而不是直接绑定到每个子元素上。当事件触发时，事件会从子元素一直冒泡到祖先元素，然后通过判断事件的目标元素来执行相应的事件处理程序。

码 14-7　事件委托

例如要实现单击列表项更换背景颜色的效果，通常的做法是获取所有列表项，然后给每个列表项绑定单击事件，示例代码如下：

```
<ul>
    <li>第 1 个</li>
    <li>第 2 个</li>
    <li>第 3 个</li>
    <li>第 4 个</li>
    <li>第 5 个</li>
    <li>第 6 个</li>
</ul>
<script>
    //获取所有的 li 元素
    let lis=document.querySelectorAll('li');
    //遍历 lis 并给每个 li 元素绑定单击事件
    for(let i=0;i<lis.length;i++){
        lis[i].onclick=function(){
            this.style.backgroundColor='pink';
        }
    }
</script>
```

同样，使用事件委托也可以实现该效果。通过事件委托的方式实现该效果时，不需要给每个 li 元素都绑定单击事件，并且还可以提高页面的性能，具体的代码如下：

```
<script>
    let ul=document.querySelector('ul');
    ul.onclick=function(e){
        e.target.style.backgroundColor='pink';
    }
</script>
```

14.2.3　常见事件应用

码 14-8　事件

1. 单击事件 onclick

onclick 事件是 JavaScript 中最常用的事件之一，它会在单击事件对象源时触发，示例代码如下：

```
<input type="button" value="点我查看日期">
<script>
    let btn=document.querySelector('input');
    btn.onclick=function(){
        let mydate=new Date();
        let year=mydate.getFullYear();
        let month=mydate.getMonth();
```

```
            let day=mydate.getDate();
            btn.value='今天的日期是：'+year+'-'+month+'-'+day;
        }
</script>
```

上述代码的运行结果如图 14-5 和图 14-6 所示。

图 14-5　单击按钮前　　　　图 14-6　单击按钮后

码 14-9　双击事件

2. 双击事件 ondblclick

ondblclick 事件会在双击事件对象源时触发，示例代码如下：

```
<h2>看图猜单词</h2>
<hr>
<div class="list">
    <img src="images/apple-img.png" name="apple-en" border='1'>
    <img src="images/tiger-img.png" name="tiger-" border='1'>
</div>
<script>
    let list=document.querySelector('.list');
    list.ondblclick=function(e){
        e.target.src=e.target.src.replace('img','en')
    }
</script>
```

上述代码的运行结果如图 14-7 和图 14-8 所示。在上述代码中，给 list 绑定了双击事件，当双击 list 时，绑定了事件处理函数，该函数通过事件委托的方式更改当前图片的路径，以实现更换图片的效果。

图 14-7　未双击图片的效果　　　　图 14-8　双击苹果图片后的效果

3. 获得焦点事件 onfocus 和失去焦点事件 onblur

onfocus 事件会在元素获得焦点时触发，onblur 事件会在元素失去焦点时触发，示例代码如下：

码 14-10　获得和失去焦点事件

```
<!DOCTYPE html>
<html>
    <head>
        <meta charset="utf-8">
```

```
            <title></title>
            <style>
                #user_tip{color:red;font-size:13px;}
                #user_tip2{color:#838383;font-size:13px;}
            </style>
        </head>
        <body>
            <p>用户名:<input type="text" name="user" id="user">
            <span id="user_tip"></span><br>
            <span id="user_tip2"></span></p>
            <script>
                //获取元素
                let user=document.querySelector('#user');
                let user_tip=document.querySelector('#user_tip');
                let user_tip2=document.querySelector('#user_tip2');
                //注册获取焦点事件
                user.onfocus=function(){
                    user_tip2.innerHTML='提示:用户名须由字母、数字、下画线组成,长度为8~20位!';
                }
                //失去焦点事件
                user.onblur=function(){
                    if(user.value==''){
                        user_tip.innerHTML='请输入用户名!';
                    }else{
                        user_tip.innerHTML='';
                    }
                }
            </script>
        </body>
    </html>
```

上述代码中,当文本域获得焦点时,将会在文本域下方输出用户名说明信息,当失去焦点时,如果用户名为空,则在文本框右侧输出非空提示信息,如图14-9和图14-10所示。

用户名:｜   ｜   用户名:｜   ｜请输入用户名!
提示:用户名须由字母、数字、下画线组成,长度为8~20位!   提示:用户名须由字母、数字、下画线组成,长度为8~20位!

图14-9　获得焦点　　　　　　　　　　　　图14-10　失去焦点

4. 用户输入事件 oninput

oninput 事件会在用户输入时触发,示例代码如下:

码14-11　用户输入事件 oninput

```
<body>
请输入小写英文字母:
<input type="text" id="letter"><br><br>
    转换为大写字母:<span></span>
    <script>
        //获取元素
        let letter=document.querySelector('#letter');
        let span=document.querySelector('span');
        //给 letter 注册 oninput 事件
        letter.oninput=function(){
            //获取 letter 的值,转换为大写字母后写入 span 的内部
```

```
            span.innerText=letter.value.toUpperCase();
        }
    </script>
</body>
```

运行上述代码，在文本域中输入小写字母，此时会实时看到输出的字母被转换成了大写字母，如图 14-11 所示。

图 14-11　oninput 事件

码 14-12　鼠标指针滑入、滑离和移动事件

5. 鼠标指针滑入事件 onmouseover、鼠标指针滑离事件 onmouseout 和鼠标指针移动事件 onmousemove

onmouseover 事件会在鼠标指针滑入时触发，onmouseout 事件会在鼠标指标滑离时触发，onmousemove 事件会在鼠标指针移动时触发，示例代码如下：

（1）写 HTML 代码

```
<img src="images/angel.gif">
<h2 align="center">学生信息表</h2>
    <table>
        <tr>
            <th>序号</th><th>姓名</th><th>学号</th><th>性别</th>
            <th>年龄</th><th>专业</th><th>班级</th>
        </tr>
        <tr>
            <td>1</td><td>张明</td><td>20230301</td><td>男</td>
            <td>19</td><td>计算机应用技术</td><td>23 计应 1 班</td>
        </tr>
        <tr>
            <td>2</td><td>朱丽</td><td>20230306</td><td>女</td>
            <td>18</td><td>计算机应用技术</td><td>23 计应 1 班</td>
        </tr>
        <tr>
            <td>3</td><td>李浩</td><td>20230315</td><td>男</td>
            <td>20</td><td>计算机应用技术</td><td>23 计应 1 班</td>
        </tr>
        <tr>
            <td>4</td><td>陈红</td><td>20230316</td><td>女</td>
            <td>19</td><td>计算机应用技术</td><td>23 计应 1 班</td>
        </tr>
    </table>
```

（2）写 CSS 代码

```
body{background-image:url(images/flower2.PNG);
    background-repeat:no-repeat;background-position:right -50px;}
table{border:1px solid firebrick;width:800px;
    background:url(images/tbbg.jpg);margin-left:auto;margin-right:auto;
    border-collapse:collapse;opacity:.9;}
```

```
tr{height:40px;}
tr:first-child{background-color:coral;color:#fff;}
td,th{border:1px solid orange;text-align: center;}
img {position: absolute;top: 2px;width:50px;z-index:999}
```

(3) 写 JavaScript 代码

```
<script>
    //获取所有的行
    let trs=document.querySelectorAll('tr');
    //遍历行,并给除了第1行的所有行绑定 onmouseover 和 onmouseout 事件
    for(let i=1;i<trs.length;i++){
        trs[i].onmouseover=function(){
            this.style.backgroundColor='lightgoldenrodyellow';
        }
        trs[i].onmouseout=function(){
            this.style.backgroundColor='';
        }
    }
    //图片跟随鼠标指针移动
    let pic = document.querySelector('img');
    document.addEventListener('mousemove', function (e) {
        let x = e.pageX;
        let y = e.pageY;
        pic.style.left = x + 15 + 'px';
        pic.style.top  = y + 15 + 'px';
    });
</script>
```

运行上述代码,会看到图片跟随鼠标指针走,当鼠标指针滑入学生信息表的行时,行的背景发生变化,当鼠标指针滑离该行时,背景会恢复原来的样式,如图 14-12 和图 14-13 所示。

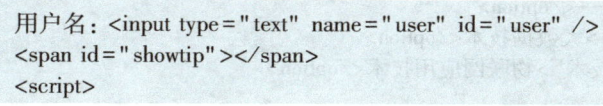

图 14-12　学生信息表（鼠标指针未滑入行）

码 14-13　键盘按键弹起事件 onkeyup

6. 键盘按键弹起事件 onkeyup

onkeyup 事件会在键盘上的按键弹起后触发,示例代码如下：

```
用户名：<input type="text" name="user" id="user" />
<span id="showtip"></span>
<script>
```

```
        //获取元素
        let user=document. querySelector('#user');
        let showtip=document. querySelector('#showtip');
        //注册松开键盘按键事件
        user. onkeyup=function(){
            if(user. value!='') { //如果用户名不为空，则判断该用户名是否可用
                if(user. value=='dreamy') {
                    showtip. innerHTML='<span style="color:red;font-size:13px;">该用户名已存在，
请换另一个！</span>';
                }else{
                    showtip. innerHTML='<span style="color:green;font-size:13px;">可用！</span>';
                }
            } else{showtip. innerHTML='';}
        }
</script>
```

学生信息表

序号	姓名	学号	性别	年龄	专业	班级
1	张明	20230301	男	19	计算机应用技术	23计应1班
2	朱丽	20230306	女	18	计算机应用技术	23计应1班
3	李浩	20230315	男	20	计算机应用技术	23计应1班
4	陈红	20230316	女	19	计算机应用技术	23计应1班

图 14-13　学生信息表（鼠标指针滑入行）

运行上述代码后，如果输入的用户名不是“dreamy”，则会在文本域右侧输出字符“可用！”，否则会输出“该用户名已存在，请换另一个！”。上述代码的运行效果如图 14-14 和图 14-15 所示。

用户名：abc 可用！

图 14-14　用户名可用

用户名：dreamy 该用户名已存在，请换另一个！

图 14-15　用户名不可用

7. 改变域内容事件 onchange

码 14-14　改变域内容事件 onchange

onchange 事件会在域的内容改变时触发，可作为单选框、复选框、下拉列表等的值改变后触发的事件，示例代码如下：

```
专业：<select id="major">
    <option value="">--请选择--</option>
    <option value="大数据技术">大数据技术</option>
    <option value="物联网应用技术">物联网应用技术</option>
```

```
            <option value="软件技术">软件技术</option>
        </select>
        <script>
            let major = document.getElementById('major');
            major.onchange = function(e){
                alert('你选择了: '+e.target.value);
            }
        </script>
```

运行上述代码，选择"大数据技术"列表项后会弹出窗口输出列表项的值，如图 14-16 所示。

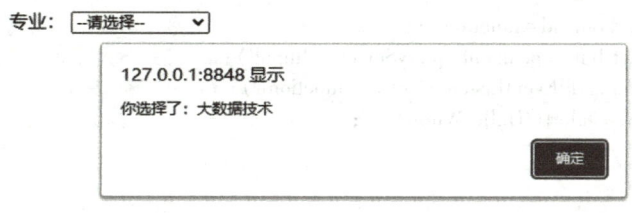

图 14-16 onchange 事件

码 14-15 页面加载事件 onload

8. 页面加载事件 onload

onload 是页面加载事件，当文档内容（包括图像、脚本文件、CSS 文件等）完全加载完成后会触发该事件，示例代码如下：

```
<!DOCTYPE html>
<html>
    <head>
        <meta charset="utf-8">
        <title></title>
        <script>
            let btn = document.querySelector('input');
            btn.addEventListener('click',function(){
                alert('Hello World!');
            })
        </script>
    </head>
    <body>
        <input type="button" value="点我">
    </body>
</html>
```

运行上述代码后，单击按钮是没有任何反应的，因为浏览器是从上往下执行页面代码的，当执行到获取按钮元素的 JavaScript 代码时，此时按钮并未渲染出来。为了解决这个问题，有以下两种方法。

第一种方法是把 JavaScript 代码写在按钮下方，代码如下：

```
<input type="button" value="点我">
<script>
    let btn = document.querySelector('input');
    btn.addEventListener('click',function(){
        alert('Hello World!');
```

})
</script>

第二种方法是使用 onload 加载事件，使用该种方法，可以把 JavaScript 代码写在页面的任何地方，代码如下：

```html
<!DOCTYPE html>
<html>
    <head>
        <meta charset="utf-8">
        <title></title>
        <script>
            window.onload=function(){
                let btn=document.querySelector('input');
                btn.addEventListener('click',function(){
                    alert('Hello World!');
                })
            }
        </script>
    </head>
    <body>
        <input type="button" value="点我">
    </body>
</html>
```

14.2.4　防抖和节流

进行窗口的操作或者输入框操作时，如果事件处理函数调用的频率无限制，则会加重浏览器和服务器的负担，此时可以用防抖和节流的方式来减少调用频率，同时又不影响实际效果。请读者扫二维码学习防抖和节流知识。

14.3　任务实施

根据分析可知，任务实施的具体代码如下。

```html
<!DOCTYPE html>
<html lang="en">
<head>
<meta charset="UTF-8">
<meta name="viewport" content="width=device-width, initial-scale=1.0">
<title>Document</title>
<style>
    .screen{width:705px;height:258px;background:url(img/led.jpg) center top no-repeat;}
    marquee{height:220px;color:red;font-size:60px;width:665px;margin-left:20px;margin-top:20px;}
    marquee.content{height:220px;line-height:220px;font-family:微软雅黑;font-weight:bold;}
    textarea{width:700px;height:40px;margin-top:6px;}
    #close{background:red;border:1px solid gray;font-size:12px;color:#fff;border-radius:3px;height:22px;width:50px;}
</style>
</head>
<body>
```

```html
<div class="screen">
    <MARQUEE scrollAmount="8" direction="altenite">
        <span class="content"></span>
    </MARQUEE>
</div>
<textarea cols="30" rows="1" class="mytext"></textarea>
<div class="menu">
    <input type="button" id="red" value="红色" onclick="mycolor(this.id)">
    <input type="button" id="yellow" value="黄色" onclick="mycolor(this.id)">
    <input type="button" id="white" value="白色" onclick="mycolor(this.id)">|
    <input type="button" id="40px" value="小号字体" onclick="mysize(this.id)">
    <input type="button" id="60px" value="中号字体" onclick="mysize(this.id)">
    <input type="button" id="80px" value="大号字体" onclick="mysize(this.id)">|
    <input type="button" id="left" value="向左" onclick="myanimate(this.id)">
    <input type="button" id="right" value="向右" onclick="myanimate(this.id)">
    <input type="button" id="up" value="向上" onclick="myanimate(this.id)">
    <input type="button" id="down" value="向下" onclick="myanimate(this.id)">
    <input type="button" id="alternate" value="左右摆动" onclick="myanimate(this.id)">|
    <input type="button" value="关闭" id="close">
</div>
<script>
    //获取元素
    let content = document.querySelector('.content');
    let mytext = document.querySelector('.mytext');
    let marquee = document.querySelector('marquee');
    //给文本区域注册事件，实现在 LED 屏上显示内容
    mytext.addEventListener('blur', function () {
        if (this.value == "") {
            content.style.display = 'none';
        } else {
            content.style.display = 'block';
            content.innerText = this.value;
        }
    });
    //声明设置颜色函数
    function mycolor(id) {
        content.style.color = id;
    }
    //声明设置字体大小函数
    function mysize(id) {
        content.style.fontSize = id;
    }
    //设置运动方向
    function myanimate(id) {
        let marquee = document.querySelector('marquee')
        if (id == 'alternate') {
            marquee.behavior = id;
            marquee.direction = 'left';
        } else {
            marquee.direction = id;
            marquee.behavior = 'scroll'
        }
    }
```

```
            //鼠标指针滑入即停止运动
            marquee.onmouseover = function() {
                this.stop();
            }
            //鼠标指针滑离后继续运动
            marquee.onmouseout = function() {
                this.start();
            }
            //关闭 led
            let btn = document.querySelector('#close');
            btn.onclick = function() {
                content.innerHTML = '';
                mytext.value = '';
            }
        </script>
    </body>
</html>
```

14.4 证赛观测

1. 对接 1+X "Web 前端开发" 职业技能等级证书情况

该任务所学知识对接 "Web 前端开发" 职业技能等级要求（初级）的情况如下：

工作领域：2 JavaScript 网页编程。

工作任务：2.3 JavaScript 交互效果开发。

职业技能要求：2.3.4 能使用 JavaScript 事件响应用户的交互操作。

2. 对接技能竞赛情况

同任务 1 的赛项。

14.5 课后练习

1.（单选题）JavaScript 事件的三要素是（　　）。
A. 事件源、事件触发时间、事件类型
B. 事件源、事件触发时间、事件处理程序
C. 事件触发时间、事件类型、事件处理程序
D. 事件源、事件类型、事件处理程序

2.（单选题）关于 JavaScript 事件处理程序说法正确的是（　　）。
A. 事件处理程序不能使用函数形式
B. 事件处理程序不能传递参数
C. 事件处理程序通常是函数形式
D. 以上说法均正确

3.（单选题）注册事件通常称为绑定事件，可以使用传统方式注册事件，也可以使用监听方式注册事件，以上说法（　　）。
A. 正确　　　　　　　　　　　　　　　B. 错误

4.（单选题）关于使用监听方式注册事件的说法正确的是（　　）。

A. 该种方式是通过 addeventlistener( )方法实现的
B. 该种方式注册的事件只能在冒泡阶段执行
C. 该种方式注册的事件只能在捕获阶段执行
D. 该种方式注册的事件默认在冒泡阶段执行

5. （单选题）关于事件对象描述错误的是（　　）。
A. 事件对象的属性中保存了与事件相关的一系列信息
B. 事件触发时就会产生事件对象
C. 事件对象的获取有兼容性问题
D. 通过事件对象不可以阻止事件冒泡和默认行为

6. （单选题）在事件对象中，stopPropagation( )方法可用于（　　）。
A. 阻止事件冒泡　　　　　　　　B. 阻止事件默认行为
C. 返回事件类型　　　　　　　　D. 返回事件对象

7. （实操题）设计并制作一个登录页面，登录信息项有用户名和密码，具体的业务逻辑如下：

1）单击"登录"按钮，如果用户名和密码为空，则在文本框下面输出非空的提示信息，如图 14-17 所示。

2）在用户名或密码文本框失去焦点时，如果用户名或密码为空，则在文本框下面输出非空的提示信息。

3）当用户名和密码都不为空时，才能提交表单，跳转地址为百度网址。

图 14-17　用户登录

任务 15　制作随机选号器

【知识目标】
- 理解定时器的含义；
- 掌握创建定时器的方法；
- 掌握定时器的应用。

【技能目标】
- 能够根据需求选取合适的定时器方法创建定时器；
- 能够应用定时器实现基于时间条件的页面效果。

【素质目标】
- 培养学生良好的代码编写习惯；
- 培养学生严谨的工作态度；
- 培养学生良好的时间观念；
- 培养学生正确的生态文明观。

码 15-0　品故事 悟道理：屏幕上的沙漏：定时器里的时间哲学

【知识导图】

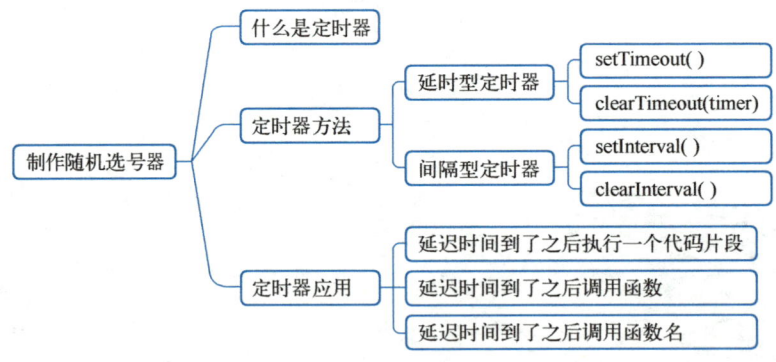

15.1　任务描述与分析

码 15-1　任务效果演示

本任务是使用 JavaScript 定时器及相关知识，设计制作一个随机选号器，具体的业务逻辑如下：

1）选号的范围可以在程序中设置。

2）单击"开始"按钮时，随机选号开始，"开始"按钮将处于不可用状态，号码将在方框中按指定时间周期随机交替呈现，如图 15-1 和图 15-2 所示。

3）单击"停止"按钮时，选号停止，选中的号码以较大字体在方框中呈现，如图15-3所示。

图15-1 开始选号前

图15-2 选号中

图15-3 停止选号

4）再次单击"开始"按钮时，将继续选号。

根据任务描述可知，制作选号器，需要使用JavaScript的定时器知识，其具体的实现思路如下：

1）设计选号器界面。

2）使用JavaScript的数学对象Math的random()方法，创建产生随机数的函数。为了能够指定产生随机数据的范围，在创建函数时，可引入形式参数。

3）编写选号函数。该函数由3个功能构成：

① 单击"开始"按钮后，"开始"按钮为不可用状态，这可以通过设置该按钮的"disabled"属性来实现；

② 创建一个定时器用于选号，在该定时器中，引入前面定义的产生随机数的函数，将该函数产生的随机数通过innerText或innerHTML写入方框中；

③ 将产生的号码字体设置为较大字体。

4）创建停止选号函数，可以使用清除定时器的方法实现停止选号。

15.2 知识学堂

15.2.1 什么是定时器

JavaScript提供定时执行代码的功能，即为定时器（timer），它可以让我们在指定的时间间隔执行一些操作。定时器主要由setTimeout()和setInterval()这两个函数来完成，它们向任务队列添加定时任务。

定时器常见的应用场景有轮播图、广告弹出窗口、动画、异步、节流防抖、倒计时等。

15.2.2 定时器方法

码15-2 定时器方法

在JavaScript中，提供了两种方法用于定时器的实现，一种是用于创建延时型定时器，另一种是用于创建间隔型定时器，具体方法如表15-1所示。

表 15-1　定时器实现方法

类型	方　　法	说　　明
延时型定时器	setTimeout(code,time)	作用：在指定的延迟时间之后调用一个函数或执行一个代码片段 参数说明： code：定义的函数或已定义的函数名称 time：延迟的时间，单位为 ms 注意：当参数 code 为一个函数名时，该函数名不需要加小括号，否则会成为立即执行函数；当参数 time 省略时，默认值为 0
	clearTimeout(timer)	作用：清除由 setTimeout()创建的定时器 参数说明： timer：定时器名称
间隔型定时器	setInterval(code,time)	作用：在指定的时间周期重复调用一个函数或重复执行一个代码片段 参数说明： code：定义的函数或已定义的函数名称 time：重复执行的时间周期，单位为 ms 注意：当参数 code 为一个函数名时，该函数名不需要加小括号，否则会成为立即执行函数；当参数 time 省略时，默认值为 0
	clearInterval(timer)	作用：清除由 setInterval()创建的定时器 timer：定时器名称

15.2.3　定时器应用

码 15-3　定时器应用

示例 15-1：使用延时型定时器，实现以下功能：

① 单击"创建延时定时器"按钮 3 s 后弹出字符串"Hello World！"；

② 单击"清除延时定时器"按钮清除定时器。

可以采用以下 3 种方法实现延时型定时器功能。

方法一：延迟时间到了之后执行一个代码片段。

```
<button>创建延时定时器</button>
<button>清除延时定时器</button>
<script>
    //获取页面中所有的 button
    let buttons=document.getElementsByTagName("button");
    //给第一个按钮（即"创建延时定时器"按钮）绑定单击事件
    buttons[0].onclick=function(){
        //3 s 后执行代码片段，注意此处的变量是全局变量
        timer=setTimeout("alert('Hello World! ')",3000);
    }
    //给第二个按钮（即"清除延时定时器"按钮）绑定单击事件
    buttons[1].onclick=function(){
        //清除定时器 timer
        clearTimeout(timer);
    }
</script>
```

说明：

① 运行该页面，单击"创建延时定时器"按钮，3 s 后弹出窗口输出字符串"Hello World!"，如图 15-4 所示；

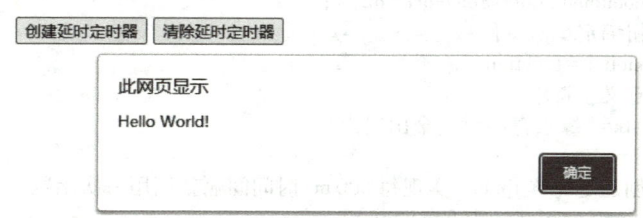

图 15-4　单击"创建延时定时器"按钮

② 运行该页面，单击"创建延时定时器"按钮，在未弹出窗口前再单击"清除延时定时器"按钮，此时，将不会弹出窗口，因为创建的定时器被清除了。

方法二：延迟时间到了之后调用函数。
该方法与方法一的不同之处在于，延迟时间到了之后会调用函数，代码如下：

```
//给第一个按钮（即"创建延时定时器"按钮）绑定单击事件
buttons[0].onclick=function(){
    //3 s 后调用匿名函数
    timer=setTimeout(function(){
        alert("Hello World!");
    },3000);
}
```

方法三：延迟时间到了之后调用函数名。

```
//创建函数 showHelloWorld
function showHelloWorld(){
    alert("Hello World!");
}
//给第一个按钮（即"创建延时定时器"按钮）绑定单击事件
buttons[0].onclick=function(){
    //3 s 后调用函数 showHelloWorld
    timer=setTimeout(showHelloWorld,3000);
}
```

 注意：

上述的 3 种方法均能实现弹出窗口输出字符串，在实际项目中，方法二用得比较多。

示例 15-2：习近平总书记提出"绿水青山就是金山银山"，建设生态文明是关系人民福祉、关乎民族未来的大计，是实现中华民族伟大复兴的重要内容。使用间隔型定时器，实现每 500 ms 一个字符的速度顺序输出字符"绿水青山就是金山银山！"。

示例 15-2 的代码如下：

```
<button>间隔型定时器</button>
<h2></h2>
```

```
<script>
    //获取页面上的元素button（即"间隔型定时器"按钮）
    let button=document.querySelector("button");
    //获取页面上的h2元素
    let h2=document.querySelector("h2");
    //给按钮绑定单击事件
    button.onclick=function(){
        //定义字符串
        let str="绿水青山就是金山银山！";
        let i=0;
        //创建定时器timer，实现每500 ms时间间隔就调用一次函数
        let timer=setInterval(function(){
            //实现把当前字符写到h2标签中
            h2.innerText+=str.charAt(i);
            i++;
        },500);
    }
</script>
```

15.3 任务实施

根据分析可知，任务实施的具体步骤如下。

1. 编写页面HTML代码

```
<div id="num"></div>
<input type="button" value="开始" onclick="start()">  
<input type="button" value="停止" onclick="stop()">
```

2. 编写CSS代码

```
#num{
    height:300px;
    width:310px;
    border:1px solid gray;
    text-align:center;
    line-height:300px;
    color:red;
    font-family: Arial;
}
.mNum{font-size:150px;}
.bNum{font-size:250px;}
```

3. 编写JavaScript代码

```
<script>
    //产生随机数函数
    function getRandom(min,max){
        return Math.floor(Math.random()*(max-min+1)+min);
    }
    //选号函数
    function start(){
        //将按钮设置为不可用状态
```

```
            document.querySelectorAll("input")[0].disabled=true;
            //创建定时器 timer,此时 timer 前面并没有使用 var, timer 为全局变量
            timer=setInterval(function(){
                    document.querySelector("#num").innerHTML=getRandom(1,100);
            },80);
            //给 id="num" 的元素设置类名为 mNum
            document.querySelector("#num").className="mNum";
        }
        //停止选号函数
    function stop(){
            //将"开始"按钮设置为可用状态
            document.querySelectorAll("input")[0].disabled=false;
            //清除定时器
            clearInterval(timer);
            //给 id="num" 的元素设置类名为 bNum
            document.querySelector("#num").className="bNum";
        }
</script>
```

15.4 证赛观测

1. 对接 1+X"Web 前端开发"职业技能等级证书情况

本任务所学知识对接"Web 前端开发"职业技能等级要求（初级）的情况如下：

工作领域：2 JavaScript 网页编程。

工作任务：2.3 JavaScript 交互效果开发。

职业技能要求：2.3.1 能使用 Windows 对象操作浏览器。

2. 对接技能竞赛情况

同任务 1 的赛项。

15.5 课后练习

1.（单选题）有关 JavaScript 的定时器，下列说法不正确的是（　　）。

A. 用于指定在一段特定的时间后执行某段程序

B. setTimeout(show,2000)的功能是指 2 s 后执行 show 函数

C. clearTimeout(timer)用于清除定时器 timer

D. 使用 setInterval 创建的定时器，可以用 clearTimeout 清除

2.（单选题）关于以下代码的运行结果说法正确的是（　　）。

```
<script>
let i=1;
let timer=setInterval(function(){
    if(i<21){
        document.write(i+"<br />");
        i++;
    }else{
        clearInterval(timer);
```

```
        }
    },50);
</script>
```

A. 每间隔 50 s 输出一个数字，一直到 20 停止输出

B. 当等于 20 时清除定时器 timer

C. 每隔 50 ms 输出一个数字，一直输出到 20 停止输出

D. 每隔 50 ms 输出一个数字，一直输出到 21 停止输出

3.（单选题）使用 setTimeout( ) 方法不能实现在指定的时间周期重复调用一个函数或执行一个代码段。以上说法（　　）。

A. 正确　　　　B. 错误

4.（单选题）下列 4 个选项中，可用于清除由 setInterval( ) 创建的定时器的是（　　）。

A. clearInterval( )　　B. setTimeourt( )　　C. empty( )　　D. clearTimeout( )

5.（单选题）setTimeout(“adv( )”,20) 表示的意思是（　　）。

A. 20 s 后 adv( ) 函数会被调用

B. 20 min 后 adv( ) 函数会被调用

C. 20 ms 后 adv( ) 函数会被调用

D. adv( ) 函数会被调用 20 次

6.（实操题）使用定时器相关知识，完成一个发送验证码的示例，要求 60 s 内只能发送一次验证码，参考效果如图 15-5 所示。

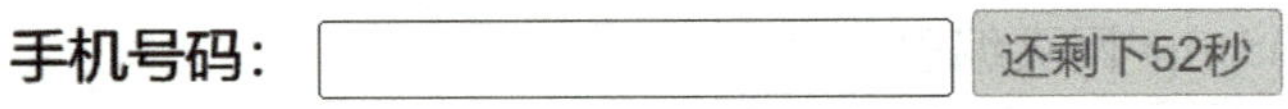
手机号码：
还剩下52秒

图 15-5　发送验证码

7.（实操题）使用定时器，设计一个秒杀倒计时，效果如图 15-6 所示。

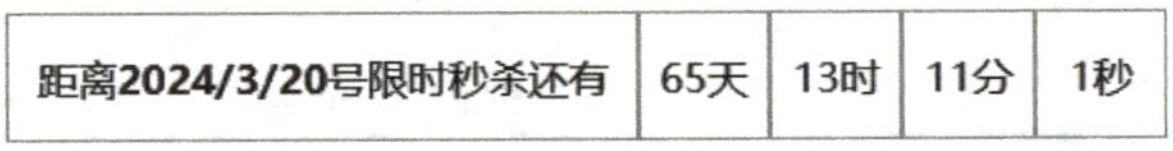
距离2024/3/20号限时秒杀还有
65天
13时
11分
1秒

图 15-6　秒杀倒计时

8.（实操题）使用 setTimeout( ) 方法实现本任务要求的选号器，且在本任务的基础上，把每次选到的号在指定位置输出，如图 15-7 所示。

6
开始
停止
你选到的号如下：
36 88 84 91 65 77 14 3 38 12 33 6

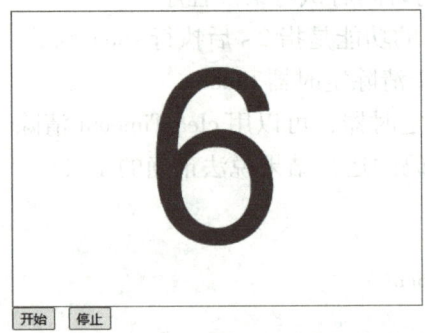

图 15-7　选号器

任务 16 使用 ES9 语法存储并输出产品列表信息

【知识目标】

- 理解解构赋值的定义；
- 掌握数组解构赋值的方法；
- 掌握对象解构赋值的方法；
- 掌握 JSON 数据解构赋值的方法；
- 掌握 Promise 解构赋值的方法；
- 了解解构赋值的优势。

码 16-0　品故事　悟道理：扩展运算符里的传承

【技能目标】

- 能够根据需求对数组进行解构赋值；
- 能够根据需求对对象进行解构赋值；
- 能够根据需求对 JSON 数据进行解构赋值；
- 能够根据需求对 Promise 进行解构赋值。

【素质目标】

- 增强学生的信息技术素养；
- 培养学生分析问题和解决问题的能力；
- 培养学生的探索精神。

【知识导图】

使用ES9语法存储并输出产品列表信息
- 解构赋值的定义
- 数组解构赋值
- 对象解构赋值
- JSON数据解构赋值
- Promise解构赋值
- 解构赋值的优势
- ES9新特性

16.1 任务描述与分析

本任务实现数组存储产品信息，内容包括产品名称、产品编号、产品价格、产品产地、产品重量、生产日期、保质期等。本任务具体的业务逻辑为：使用数组存储产品信息；使用解构赋值知识解构数组并在页面上输出产品信息。

根据任务描述可知，要实现该效果，可以使用最新的知识，主要包括解构赋值的定义，数组、对象、JSON 数据和 Promise 的解构赋值等，该任务具体的实现思路如下：

1）创建 HTML 文档并编写页面的 HTML 代码。
2）编写 CSS 代码。
3）编写 JavaScript 代码，实现相关的功能，具体步骤如下：
① 创建数据存储产品信息。

② 获取元素。

③ 使用 forEach 遍历数组,并把遍历出来的产品信息进行解构赋值。

④ 使用 innerHTML 把产品信息字符串在产品列表盒子输出。

任务效果如图 16-1 所示。

图 16-1　产品信息列表

16.2　知识学堂

16.2.1　解构赋值的定义

解构赋值是一种从数组或对象中提取值并赋给变量的语法,它可以简化代码,使得对多个变量的赋值更加便捷和直观。在编写代码时,可以根据具体的需求选择使用数组解构赋值或对象解构赋值,并结合默认值、剩余参数等特性,来提升代码的可读性和可维护性。

16.2.2　数组解构赋值

码 16-1　数组解构赋值

数组解构赋值是通过类似于数组字面量的语法,将数组中的元素解构到多个变量中。在数组解构赋值中,使用方括号([])来表示数组,将变量放在方括号中就可以将数组中对应位置的元素赋给这些变量。数组解构赋值的示例代码如下:

```
<script>
    let [a,b,c]=[1,2,3];
    console.log(a);  //输出的结果是：1
    console.log(b);  //输出的结果是：2
    console.log(c);  //输出的结果是：3
</script>
```

在数组解构赋值时，可以为变量指定默认值，当数组中对应位置的值不存在或为 undefined 时，就会使用默认值，示例代码如下：

```
<script>
    let [a,b,c=3,d=4,e]=[1,2,,40,];
    console.log(a);  //输出的结果是：1
    console.log(b);  //输出的结果是：2
    console.log(c);  //输出的结果是：3
    console.log(d);  //输出的结果是：40
    console.log(e);  //输出的结果是：undefined
</script>
```

在数组解构赋值中，还可以使用剩余参数（…）来获取数组中剩余的元素，示例代码如下：

```
<script>
    let [a,b,...rest]=[1,2,3,4,5];
    console.log(a);        //输出的结果是：1
    console.log(b);        //输出的结果是：2
    console.log(rest);     //输出的结果是：[3,4,5]
</script>
```

16.2.3 对象解构赋值

码 16-2　对象解构赋值

对象解构赋值是通过类似于对象字面量的语法，将对象中的属性解构到多个变量中。在对象解构赋值中，可以使用花括号（{}）来表示对象，将变量放在花括号中，就可以将对象中对应属性的值赋给这些变量。对象解构赋值的示例代码如下：

```
<script>
    let{name,age}={name:'张扬',age:'19'};
    console.log(name);   //输出结果为张扬
    console.log(age);    //输出结果为19
</script>
```

在对象解构赋值时，可以为变量指定默认值，当对象中对应属性的值不存在或为 undefined 时，就会使用默认值，示例代码如下：

```
<script>
    let{name,age=20}={name:'张扬'};
    console.log(name);   //输出结果为张扬
    console.log(age);    //输出结果为20
</script>
```

在对象解构赋值中，还可以使用剩余参数（…）来获取除已解构属性外的其他属性，示例代码如下：

```
<script>
    let {name,...rest} = {name:'张扬',gender:'男',age:20};
    console.log(name);      //输出结果为张扬
    console.log(rest);      //输出结果为{gender:'男',age:20}
</script>
```

16.2.4　JSON 数据解构赋值

码 16-3　JSON 数据解构赋值

解构赋值时也可以方便地从 JSON 数据对象中提取所需的值。JSON 是一种常见的数据交换格式，在前后端交互中经常使用。例如，假设有一个 JSON 数据对象 jsonData，其中包含了用户的信息，可以使用解构赋值从这个对象中提取出需要的值，示例代码如下：

```
let jsonData = {
    id:1,
    name:'张扬',
    address:{
        country:'中国',
        province:'广东省',
        city:'广州市'
    }
}
//使用解构赋值从 JSON 数据中提取值
let {id,name,address:{country,province,city}} = jsonData;
console.log(id);            //输出结果：1
console.log(name);          //输出结果：张扬
console.log(country);       //输出结果：中国
console.log(province);      //输出结果：广东省
console.log(city);          //输出结果：广州市
```

16.2.5　Promise 解构赋值

码 16-4　Promise 解构赋值

解构赋值时可以方便地处理 Promise 对象的返回值。Promise 是一种处理异步操作的机制，可以使用解构赋值从 Promise 对象中获取返回值。例如，假设有一个异步函数 fetchData()，它返回一个 Promise 对象，并在异步操作完成后将数据传递给 resolve 函数。可以使用解构赋值获取 Promise 对象返回值中的特定属性，示例代码如下：

```
function fetchData() {
    return new Promise((resolve, reject) => {
        // 异步操作的代码……
        resolve({data: 'Hello'});
    });
}
// 使用解构赋值获取 Promise 对象的返回值
fetchData().then(({data}) => {
    console.log(data); // Hello
});
```

在上面的示例中，异步函数 fetchData 返回一个 Promise 对象，并在异步操作完成后将包含数据的对象传递给 resolve 函数。通过在解构赋值中使用对象的属性名，可以直接获取 Promise

返回值中的特定属性，这样可以更方便地处理异步操作的结果。

16.2.6 解构赋值的优势

请读者扫二维码学习解构赋值的优势。

16.2.7 ES9 新特性

请读者扫二维码学习 ES9 新特性。

16.3 任务实施

根据分析可知，任务实施的具体步骤如下：

1）创建 HTML 文档并编写页面的 HTML 代码。

```html
<div class="pro_list"></div>
```

2）编写 CSS 代码。

```css
.pro_list{width:400px;}
.pro_list .pro{border-top:1px dotted gray;border-bottom:1px dotted gray;
    height:200px;padding-top:20px;}
.pro_list .pro .thumbnail{float:left;margin-left:10px;}
.pro_list .pro .detail{float:left;margin-left:30px;}
.pro_list .pro .detail{height:25px;margin:0px;}
```

3）编写 JavaScript 代码。

```javascript
<script>
    //创建数组来保存产品信息
    let products=[
        {
            id:1,
            pro_number:'B20231201',
            pro_name:'百花蜜',
            pro_img:'images/pro1.jpg',
            detail:{
                pro_price:120,
                pro_from:'长白山',
                pro_weight:'500g',
                pro_date:'2023-12-27',
                pro_usebydate:'24 个月'
            }
        },
        {
            id:2,
            pro_number:'B20231002',
            pro_name:'洋槐蜜',
            pro_img:'images/pro2.jpg',
            detail:{
                pro_price:80,
                pro_from:'长白山',
                pro_weight:'500g',
                pro_date:'2023-10-22',
```

```
                    pro_usebydate:'24个月'
                }
            },
            {
                id:3,
                pro_number:'B20231201',
                pro_name:'枣花蜜',
                pro_img:'images/pro3.jpg',
                detail:{
                    pro_price:60,
                    pro_from:'长白山',
                    pro_weight:'500g',
                    pro_date:'2023-12-27',
                    pro_usebydate:'24个月'
                }
            }
        ]
        //获取产品列表元素 pro_list
        let pro_list=document.querySelector('.pro_list');
        //遍历数组 products
        products.forEach((value)=>{
            //解构赋值
            let {id,pro_number,pro_name,pro_img,detail:{pro_price,pro_from,
                pro_weight,pro_date,pro_usebydate}}=value;
            //保存产品信息
            let pro='<div class="pro"><div class="thumbnail"><img src="'+pro_img+
                '"></div><div class="detail"><p>名称：<span>'+pro_name+
                '</span></p><p>编号：<span>'+pro_number+
                '</span></p><p>价格：<span>'+pro_price+'</span></p><p>产地：<span>'+
                pro_from+'</span></p><p>重量：<span>'+
                pro_weight+'</span></p><p>生产日期：<span>'+pro_date+
                '</span></p><p>保质期：
                <span>'+pro_usebydate+'</span></p></div></div>';
            //把产品信息写入产品列表元素 pro_list
            pro_list.innerHTML+=pro;
        })
    </script>
```

16.4 证赛观测

1. 对接1+X"Web前端开发"职业技能等级证书情况

该任务所学知识对接"Web前端开发"职业技能等级要求（**高级**）的情况如下：

工作领域：1. 静态网站制作。

工作任务：1.3 ES9编程。

职业技能要求：1.3.2 能使用ES9解构赋值进行变量的赋值；1.3.3 能使用ES9的函数扩展、数组扩展、对象扩展等编写JavaScript程序。

2. 对接技能竞赛情况

同任务1的赛项。

16.5 课后练习

1.（单选题）关于 JavaScript 解构赋值的说法不正确的是（　　）。
A. 解构赋值是一种从数组或对象中提取值并赋给变量的语法
B. 解构赋值可以简化代码
C. 解构赋值使得多个变量的赋值更加便捷和直观
D. 解构赋值并不能提升代码的可读性和可维护性

2.（单选题）执行代码"let [a,b=2,c]=[5,6,7]"后，变量 b 的值是（　　）。
A. 2　　　　　　B. 5　　　　　　C. 6　　　　　　D. 7

3.（单选题）在下述的代码中，test 的值是（　　）。

let [name,sex,...test]=['张扬','男',20,'计算机网络技术','23 网络 1 班'];

A. undefined　　　　　　　　　　B. test
C. 20　　　　　　　　　　　　　D. [20,'计算机网络技术','23 网络 1 班']

4.（单选题）在下述代码中，title 的值是（　　）。

let{title,author,pubdate,publisher}={'Web 前端技术','林龙健','2024-8-1','机械工业出版社'}

A. title　　　　B. Web 前端技术　　C. 2024-8-1　　D. 机械工业出版社

5. 以下 4 个选项中，不能用于删除字符左边的空格的是（　　）。
A. trimStart( )　　B. trimLeft( )　　C. trimEnd( )　　D. trim( )

6.（多选题）解构赋值的优势有（　　）。
A. 提高代码的可读性
B. 便于交换变量值和处理函数返回值
C. 便于遍历数据结构
D. 便于处理函数参数

模块 2　jQuery 基础及应用

任务 17　使用 jQuery 实现弹出窗口输出 "Hello jQuery!"

【知识目标】
- 了解什么是 jQuery；
- 了解 jQuery 的特点；
- 掌握 jQuery 的获取方法；
- 掌握 jQuery 的基本语法；
- 掌握 jQuery 的使用；
- 了解 jQuery 对象与 DOM 对象相互转换的方法。

【技能目标】
- 能够获取 jQuery 库文件；
- 能够在 Web 页面引入并应用 jQuery。

【素质目标】
- 培养学生自主探究的能力；
- 培养学生的学习兴趣。

【知识导图】

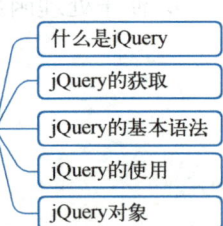

码 17-0　品故事 悟道理：车库里的魔法盒

17.1　任务描述与分析

本任务是页面加载完成后，弹出警告框，显示"Hello jQuery！"。

根据任务描述可知，要实现该效果，需要了解什么是 jQuery，如何获取 jQuery 及如何使用 jQuery 等知识。本任务具体的实现思路如下：

1）创建 HTML 文档。
2）引入 jQuery 库文件。
3）编写页面加载完成后执行弹出警告框的 JavaScript 代码。

任务效果如图 17-1 所示。

图 17-1　使用 jQuery 实现弹出窗口输出 "Hello jQuery!"

17.2　知识学堂

17.2.1　什么是 jQuery

jQuery 是一个快速、简洁的 JavaScript 库，于 2006 年 1 月由 John Resig（约翰·瑞思格）发布。jQuery 的设计宗旨是 "write Less，Do More"，即倡导写更少的代码，做更多的事情。它封装了 JavaScript 常用的功能代码，提供了一种简便的 JavaScript 设计模式，能够优化 HTML 文档操作、事件处理、动画设计和 AJAX 交互。jQuery 具有以下特点：

1）轻量级。jQuery 库文件非常小，只有几十 KB，不会影响页面加载速度。

2）DOM 选择器非常丰富。jQuery 提供了非常丰富的 DOM 选择器，让开发者能够快速选取页面 DOM 元素。

3）提供链式表达式。jQuery 提供链式表达式操作，可以把多个操作写在一行代码里，更加简洁。

4）支持事件、样式、动画。jQuery 支持事件、样式、动画操作，应用非常便捷。

5）支持 AJAX 操作。jQuery 简化了 AJAX 操作，能够快速完成前台与后端的异步数据通信。

6）浏览器兼容性好。jQuery 基本兼容了现代主流的浏览器。

7）插件丰富。jQuery 具有丰富的第三方的插件，例如树形菜单、日期控件、图片切换插件、弹出窗口等。

8）可扩展性强。jQuery 提供了扩展接口 jQuery.extend(object)，可以在 jQuery 的命名空间增加新函数。

17.2.2　jQuery 的获取

在使用 jQuery 库之前，需要先安装 jQuery，由于 jQuery 是一个库文件，因此，在应用的页面中只需将 jQuery 文件引进来即可，具体有以下两种方法可以获取 jQuery 文件。

1. 通过 jQuery 官网下载 jQuery 库文件

通过 jQuery 官网下载 jQuery 库文件的步骤如下：

1）进入 jQuery 官网（https://jquery.com），如图 17-2 所示。

2）单击菜单栏的 "Download" 进入下载页面。在该页面中会看到当前最新的版本是 jQuery 3.7.X，有压缩版（compressed）、非压缩版（uncompressed）等类型。这两种类型的主要区别在于文件大小不同，压缩版的 jQuery 库文件大小约为 85 KB，而非压缩版的 jQuery 库文件大小约为 278 KB。把鼠标指针移至下载按钮或链接，然后单击右键选择 "链接另存为" 即可下载 jQuery 库文件，如图 17-3 所示。

下载 jQuery 文件后，在 HTML 页面中，通过<script>标签引入即可，具体代码如下：

```
<script src="jQuery-3.7.0.min.js"></script>
```

2. 通过 CDN 引入 jQuery 库文件

内容分发网站（Content Delivery Network，CDN）是互联网中免费提供文本、图片、脚本、应用程序或其他资源的网络服务器。以下为几个常用的 CDN 最新版本的 jQuery 引用地址。

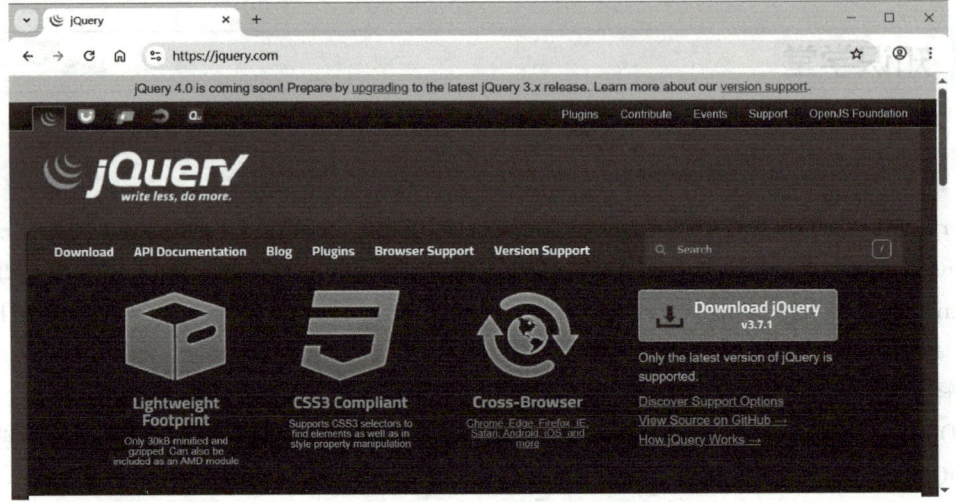

图 17-2　jQuery 官网

图 17-3　jQuery 下载页面

1）jQuery CDN 的地址为 https://code.jQuery.com/jQuery-3.7.0.min.js。
2）新浪 CDN 的地址为 http://lib.sinaapp.com/js/jQuery/3.1.0/jQuery-3.1.0.min.js。
3）staticfile CDN 的地址为 https://cdn.staticfile.net/jQuery/3.7.0/jQuery.min.js。
4）又拍云 CDN 的地址为 https://upcdn.b0.upaiyun.com/libs/jQuery/jQuery-2.0.3.min.js。
例如，下面的语句从 jQuery CDN 引入压缩版的 jQuery 库文件。

```
<script src="https://code.jQuery.com/jQuery-3.7.0.min.js"></script>
```

17.2.3 jQuery 的基本语法

jQuery 的基本语法如下：

```
$(selector).action()
```

参数说明如下：

$：美元符号用于定义 jQuery。

selector：HTML 元素对象。

action：执行对元素的操作。

jQuery 基本语法的示例代码如下：

```
$("p").hide();    //隐藏所有的<p>元素
```

17.2.4 jQuery 的使用

使用 jQuery 时，通常是在页面 DOM 加载完成后，才去执行相应的代码，其语法格式如下：

码 17-1 jQuery 使用

```
$(document).ready(function(){
    //页面加载完成后执行的代码
});
```

上述语法格式的简写形式如下：

```
$(function(){
    //页面加载完成后执行的代码
});
```

上述代码是 jQuery 提供的加载事件，即页面的 DOM 加载完成后，才去执行大括号中的代码，与原生 JavaScript 中的 onload 事件相似。

17.2.5 jQuery 对象

1. 什么是 jQuery 对象

jQuery 对象是通过 jQuery 库中的选择器选取一个或多个 DOM 元素后返回的对象，它包含了这些 DOM 元素及其相关属性和方法。

例如："$("#img").attr("src","test.jpg");"，这里的$("#img")就是 jQuery 对象。

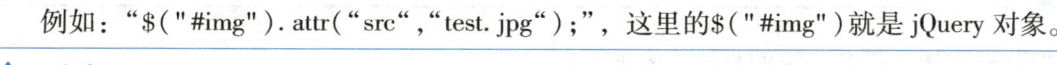

> ⚠ **注意：**
> jQuery 对象无法使用 DOM 对象的任何方法，同样 DOM 对象也不能使用 jQuery 里的任何方法。

例如，$("#id").innerHTML 和$("#id").checked 的写法是错误的，因为 DOM 对象有 innerHTML 和 check 属性，而"$("id")"是 jQuery 对象，它没有这两个属性，所以可以用 $("#id").html() 和$("#id").attr("checked") 的 jQuery 方法来代替。

2. DOM 对象转换成 jQuery 对象

对于一个 DOM 对象，只需要用$()把 DOM 对象包装起来，就可以获得一个 jQuery 对象。

例如：

```
let name = document.getElementById("name");  //name 是 DOM 对象
let $name = $(name);  //$name 是 jQuery 对象
```

此时，就可以使用 jQuery 的方法了。

3. jQuery 对象转换成 DOM 对象

jQuery 对象属于类数组对象，在类数组对象中，DOM 对象作为数组元素。jQuery 对象转换成 DOM 对象有两种实现方式，分别为"obj[index]"和"obj.get(index)"，其中 index 表示 DOM 对象在 jQuery 对象中的索引。下面分别讲解这两种转换方式。

(1) obj[index]方式

通过 obj[index]方式将 jQuery 对象转换成 DOM 对象，示例代码如下：

```
<div>第 1 个 div</div>
<div>第 2 个 div</div>
<script>
//获取 jQuery 对象
let divs = $('div');
//通过索引的方式，将 jQuery 对象转换成 DOM 对象
let div1 = divs[0];
let div2 = divs[1];
//输出 div 元素的内容
alert(div1.innerHTML);  //输出结果：第 1 个 div
alert(div2.innerHTML);  //输出结果：第 2 个 div
</script>
```

从上述代码可以看出，一个 jQuery 对象中可以包含多个 DOM 元素，通过索引即可取出某个具体的 DOM 对象。

(2) obj.get(index)方式

通过 obj.get(index)方式将 jQuery 对象转换成 DOM 对象，示例代码如下：

```
<div>第 1 个 div 元素</div>
<script>
let result = $('div').get(0).innerHTML;
alert(result);  //输出结果：第 1 个 div 元素
</script>
```

17.3 任务实施

根据分析可知，任务实施的具体步骤如下：

1) 创建 HTML 文档。
2) 引入 jQuery 文件"jQuery-3.7.0.min.js"。
3) 编写页面加载事件 JavaScript 代码。
4) 编写弹出警告框 JavaScript 代码。

本任务具体的实现代码如下：

```
<!DOCTYPE html>
<html lang="en">
<head>
```

```html
        <meta charset="UTF-8">
        <meta name="viewport" content="width=device-width, initial-scale=1.0">
        <title>Document</title>
        <!-- 引入 jQuery 文件 -->
        <script src="js/jQuery-3.7.0.min.js"></script>
    </head>
    <body>
        <script>
            $(document).ready(function(){    //页面 DOM 加载完成
                alert('Hello jQuery!');       //弹出警告框
            });
        </script>
    </body>
</html>
```

17.4 证赛观测

1. 对接 1+X "Web 前端开发" 职业技能等级证书情况

该任务所学知识对接 "Web 前端开发" 职业技能等级要求（初级）的情况如下：

工作领域：3. 轻量级前端框架应用。

工作任务：3.1 jQuery 基础编程。

职业技能要求：3.1.1 能在网页中引入 jQuery。

2. 对接技能竞赛情况

同任务 1 的赛项。

17.5 课后练习

1.（单选题）以下是关于 jQuery 的描述，错误的是（　　）。

A. jQuery 是一个 JavaScript 库

B. jQuery 是一个基于 HTML 与 CSS 的插件

C. jQuery 极大地简化了 JavaScript 编程

D. jQuery 的设计宗旨是 "write less, do more"

2.（单选题）下列选项中，关于 jQuery 特点的描述不正确的是（　　）。

A. jQuery 是一个轻量级的脚本，其代码非常小巧

B. jQuery 可以跨浏览器使用

C. jQuery 不支持 CSS3 定义的属性和选择器

D. jQuery 插件丰富，可以通过插件扩展更多的功能

3.（单选题）"$(document).ready()是 jQuery 中一个非常重要的函数，它用来在页面 DOM 元素加载完成后执行 JavaScript 代码。"这种描述（　　）。

A. 正确　　　　　　　　B. 错误

4.（单选题）关于 jQuery 对象的描述正确的是（　　）。

A. 在 jQuery 库中，可以通过本身自带的方法获取页面 DOM 元素的对象

B. jQuery 对象就是用 jQuery 的类库选择器获得的对象

C. jQuery 对象就是通过 jQuery 包装 DOM 对象后产生的对象

D. jQuery 对象就是 DOM 对象

5.（操作题）使用 jQuery 实现单击"法治精神"按钮后弹出窗口输出字符"弘扬社会主义法治精神，传承中华优秀传统法律文化"，效果如图 17-4 所示。

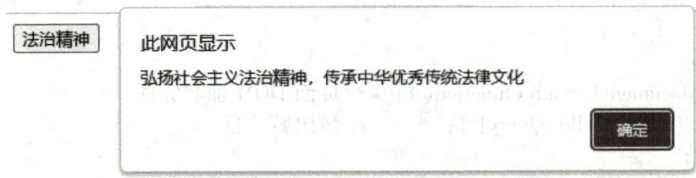

图 17-4　单击"法治精神"按钮后的弹出窗口效果

任务 18 使用 jQuery 实现网站品牌列表的展开与收起

【知识目标】
- 掌握基本选择器的应用；
- 掌握层次选择器的应用；
- 掌握过滤选择器的应用；
- 掌握表单选择器的应用；
- 掌握选择元素的相关方法的应用。

【技能目标】
- 能够根据需求使用 jQuery 选择器选择页面元素；
- 能够使用 jQuery 选择元素的方法来选择页面元素。

【素质目标】
- 培养学生自主探究的能力；
- 培养学生的学习兴趣。

码 18-0 品故事 悟道理：选择的力量

【知识导图】

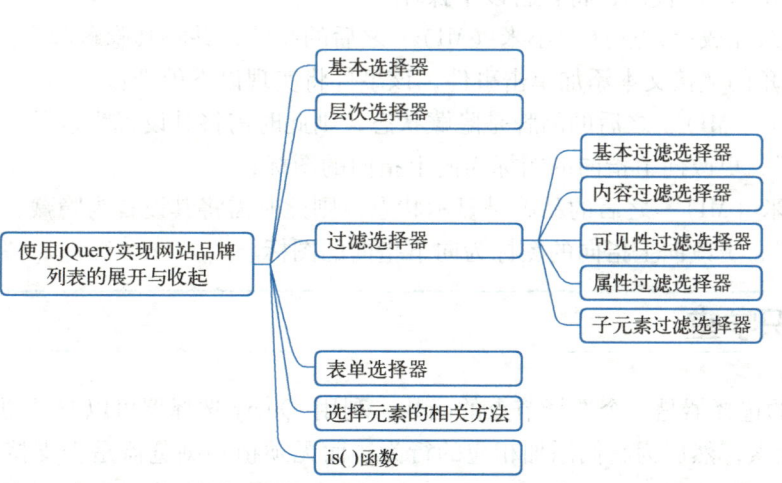

18.1 任务描述与分析

本任务是制作某网站中笔记本计算机品牌列表的展开和收起效果，具体的业务逻辑为：用户进入该页面时，品牌列表默认是收起状态，如图 18-1 所示；单击列表右下角的链接文本

"展开"时，将会显示所有的品牌，同时链接文本变成"收起"，向下指向的图标将会变成向上指向的图标，如图 18-2 所示；单击右下角的链接文本"收起"时，品牌列表又会回到默认的收起状态，即如图 18-1 所示的效果。

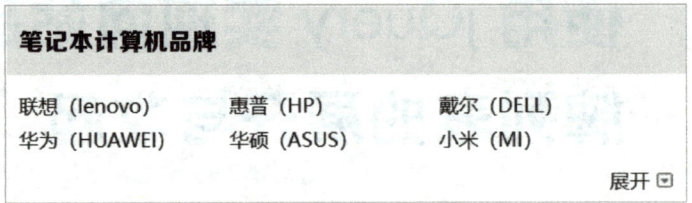

码 18-1　任务效果演示

图 18-1　品牌列表收起效果

图 18-2　品牌列表展开效果

根据任务描述可知，任务的实现思路如下：

1）设计静态页面。

2）引入 jQuery 库文件。

3）编写 JavaScript 代码，将执行以下操作：

① 页面加载完成后，选择"小米（MI）"之后的品牌，并将其隐藏起来。

② 给右下角的链接文本添加单击事件，该事件将实现以下处理：

如果"小米（MI）"之后的品牌是隐藏状态，则此时需将其设置为显示，同时，更改链接文本为"收起"，更改向下指向的图标为向上指向的图标；

如果"小米（MI）"之后的品牌是显示状态，则此时需将其设置为隐藏，同时，更改链接文本为"展开"，更改向上指向的图标为向下指向的图标。

18.2　知识学堂

jQuery 中的选择器是一个选择节点的函数，利用 jQuery 选择器可以非常便捷和快速地找出特定的 DOM 元素，然后为它们添加相应的行为，而无须担心浏览器是否支持这一选择器，学会使用选择器是学习 jQuery 的基础，jQuery 的行为规则都必须在获取到元素后才能生效。jQuery 提供了非常强大的选择器。

18.2.1　基本选择器

基本选择器是 jQuery 中最常用的选择器，也是最简单的选择器，它通过元素 id、class、标签名等来查找 DOM 元素，常用的基本选择器如表 18-1 所示。

表 18-1 常用的基本选择器

选 择 器	描 述	示 例
*	匹配所有的元素	$('*')选取所有的元素
#id	选取指定 id 的元素	$('#test')选取 id 为 test 的元素
.class	选取同一类 class 的元素	$('.test')选取所有 class 为 test 的元素
element	选取相同标签名的所有元素	$('p')选取所有的\<p\>元素
selector1,selector2,…,selectorN	选取多个元素	$("div,p,.abc")选取所有\<div\>、\<p\>和拥有 class 为 abc 的元素
selector1.selector2	选取交集元素	$('p.sp')选取\<p\>标签中拥有 class 为 sp 的元素

18.2.2 层次选择器

jQuery 的层次选择器可以快速定位与指定元素具有层次关系的元素。按照 DOM 元素的层次关系，层次选择器可以分为子元素选择器、后代选择器和兄弟选择器，具体如表 18-2 所示。

表 18-2 层次选择器分类

选 择 器	描 述	示 例
selector1 selector2	选取 selector1 元素里的所有 selector2 后代元素	$('div span')选取\<div\>元素里所有的\<span\>元素
selector1>selector2	选取 selector1 元素里的所有 selector2 子元素	$('div>span')选取\<div\>元素里元素名为\<span\>的子元素
selector1+selector2	选取紧接在 selector1 后的 selector2 元素	$('div+p')选取紧跟在\<div\>元素后面的第一个 p 元素
selector1~selector2	选取 selector1 元素之后的所有 selector2 兄弟元素	$('#one~p')选取 id 为 one 的元素后面的所有\<p\>兄弟元素

18.2.3 过滤选择器

过滤选择器主要是通过特定的过滤规则筛选出所需的 DOM 元素，该选择器以冒号开头。按照不同的过滤规则，过滤选择器又可分为基本过滤选择器、内容过滤选择器、可见性过滤选择器、属性过滤选择器和子元素过滤选择器。

1. 基本过滤选择器

基本过滤选择器是一组根据所选元素数组的索引来选择元素的选择器，其常用的基本过滤选择器如表 18-3 所示。

表 18-3 基本过滤选择器

选 择 器	描 述	示 例
:first	选取第一个元素	$('p:first')选取所有\<p\>元素的第一个
:last	选取最后一个元素	$('p:last')选取所有\<p\>元素的最后一个
:eq(index)	选取索引等于 index 的元素	$('p:eq(2)')选取索引等于 2 的\<p\>元素
:odd	选取索引是奇数的所有元素	$('p:odd')选取索引是奇数的\<p\>元素

（续）

选择器	描述	示例
:even	选取索引是偶数的所有元素	$('p:even')选取索引是偶数的<p>元素
:not(selector)	选取与指定元素不匹配的元素	$('p:not(.sp)')选取class不是sp的<p>元素
:gt(index)	选取索引大于index的元素	$('p:gt(2)')选取索引大于2的<p>元素
:lt(index)	选取索引小于index的元素	$('p:lt(2)')选取索引小于2的<p>元素
:focus	选取当前获得焦点的元素	$('input:focus')选取当前获得焦点的<input>元素
:header	选取所有的标题元素	$(':header')选取页面中所有的<h1>、<h2>…
:animated	选取当前正在执行动画的所有元素	$('div:animated')选取正在执行动画的<div>元素

2. 内容过滤选择器

内容过滤选择器是一组用于根据元素的内容来选择元素的选择器。常用的内容过滤选择器如表18-4所示。

表18-4 常用的内容过滤选择器

选择器	描述	示例
:contains(text)	选取内容包含有text文本的元素	$('td:contains("优秀")')选取内容中包含"优秀"的<td>元素
:empty	选取内容为空的元素	$('li:empty')选取内容为空的<li>元素
:has(selector)	选取内容包含指定选择器的元素	$('div:has("p")')选取内容中包含有<p>元素的所有<div>元素
:parent	选取带有子元素或包含文本的元素	$('p:parent')选取带有子元素或包含文本的<p>元素

3. 可见性过滤选择器

可见性过滤选择器是根据元素的可见和不可见状态来选择元素的。常用的可见性过滤选择器如表18-5所示。

表18-5 常用的可见性过滤选择器

选择器	描述	示例
:hidden	选取所有不可见的元素	$('input:hidden')选取所有不可见的<input>元素
:visible	选取所有可见的元素	$('p:visible')选取所有可见的<p>元素

注意：
  选择器:hidden，它不包括样式属性display为none的元素，但包括隐藏域<input type="hidden">和<div style="visibility:hidden;">之类的元素。

4. 属性过滤选择器

属性过滤选择器是根据元素的属性来选取元素。常用的属性过滤选择器如表18-6所示。

表 18-6 常用的属性过滤选择器

选 择 器	描 述	示 例
[attribute]	选取具有指定属性的元素	$('div[class]')选取含有 class 属性的所有<div>元素
[attribute=value]	选取属性值等于 value 的元素	$('p[class="current"]')选取具有 class="current" 属性的所有<p>元素
[attribute!=value]	选取属性值不等于 value 的元素	$('p[class="current"]')选取不具有 class="current" 属性的所有<p>元素
[attribute^=value]	选取属性值以 value 开头的元素	$('div[class^="sp_"]')选取 class 属性值以 sp_ 开头的所有<div>元素
[attribute$=value]	选取属性值以 value 结尾的元素	$('div[class$="er"]')选取 class 属性值以 er 结尾的所有<div>元素
[attribute*=value]	选取属性值包含有 value 的元素	$('div[class*="-"]')选取 class 属性值中含有 "-" 符号的所有<div>元素
[attribute~=value]	选取属性值中包含一个 value 的元素	$('div[class~="box"]')选择 class 属性值等于 "box" 或通过空格分隔并含有 "box" 的<div>元素

5. 子元素过滤选择器

子元素过滤选择器是用来选择子元素的选择器。常用的子元素选择器如表 18-7 所示。

表 18-7 子元素过滤选择器

选 择 器	描 述	示 例
:nth-child(index/even/odd/公式)	选取每个父元素下指定 index 索引、偶数、奇数或符合指定公式的子元素（注意：索引从 1 开始）	$('div:nth-child(2)')选取<div>元素中的第一个子元素
:first-child	选取第一个子元素	$('div:first-child')选取<div>元素中第一个子元素
:last-child	选取最后一个子元素	$('div:last-child')选取<div>元素中最后一个子元素
:only-child	选取作为唯一子元素的元素	$('ul li:only-child')在<ul>元素中选取作为唯一子元素的<li>元素

18.2.4 表单选择器

表单在 Web 前端开发中经常使用，为了使开发者能够更加灵活地操作表单，jQuery 提供了表单选择器。常用的表单选择器如表 18-8 所示。

表 18-8 常用的表单选择器

选 择 器	描 述
:input	选取页面中所有的表单元素（注意：包含<select>和<textarea>）
:text	选取页面中所有的文本框
:password	选取所有的密码框
:radio	选取所有的单选按钮
:checkbox	选取所有的复选框
:submit	选取 submit 提交按钮
:reset	选取 reset 重置按钮

（续）

选 择 器	描 述
:image	选取 type="image" 图像域
:button	选取 button 按钮（包括<button></button>和 type="button"）
:file	选取 type="file" 文件域
:enabled	选取所有可用的表单元素
:disabled	选取所有不可用的表单元素
:checked	选取所有选中的单选按钮和复选框（主要针对 radio 和 checkbox）
:selected	选取所有选中的列表项（主要针对 select）

18.2.5 选择元素的相关方法

在开发过程中，有时还需在已有的集合中查找特定的元素，此时可以使用 jQuery 提供的相关方法实现。常用的方法如表 18-9 所示。

码 18-2 选择元素的相关方法

表 18-9 常用的选择元素的相关方法

方 法	描 述	示 例
parent( )	查找父级元素	查找<li>的父级元素： $("li").parent( )
parents( )	查找所有祖先元素	查找 class 为 cur 的元素的所有祖先元素： $(".cur").parents( )
children( )	查找子级元素	查找 id 为 menu 的元素的子级元素<a>： $("#menu").children("a")
find( )	查找后代元素	查找 id 为 menu 元素里的后代元素<li>： $("#menu").find("li")
siblings( )	查找所有兄弟元素	查找 class 为 cur 的元素的所有兄弟元素<li>： $(".cur").siblings("li")
next( )	查找下一个兄弟元素	查找 h2 的下一个兄弟元素： $("h2").next( )
nextAll( )	查找当前元素之后所有的同辈元素	查找 class 为 cur 的元素之后的所有同辈元素： $(".cur").nextAll( )
prev( )	查找上一个兄弟元素	查找 h2 的上一个兄弟元素： $("h2").prev( )
prevAll( )	查找当前元素之前所有的同辈元素	查找 class 为 cur 的元素之前的所有同辈元素： $(".cur").prevAll( )
hasClass(class)	检查当前的元素是否含有特定的类，返回 true 或 false	检查<div>元素是否含 sp 类： $("div").hasClass("sp")
eq(index)	查找指定索引的元素	查找索引为 2 的<div>元素：$("div").eq(2)

18.2.6 is( ) 函数

码 18-3 is( ) 函数

1. 定义和用法

在 jQuery 中，is( ) 函数用于判断当前 jQuery 对象所匹配的元素与指定表达式 expr 所表示的元素是否存在交集，如果存在交集就返回 true，否则返回 false。is( ) 函数的语法格式如下。

> jQueryObject.is(expr)

参数 expr 为表达式，可以是字符串、DOM 元素、jQuery 对象和函数。当 expr 为字符串时，则将其视作 jQuery 选择器，用以表示该选择器所匹配的元素；当 expr 为函数时，is( ) 函数将根据匹配的所有元素遍历执行该函数，函数中的 this 将指向当前迭代的元素，而且这个函数还会传入一个索引 index，即元素所在的索引。

is( ) 函数通常用于判断元素是否可见或是否被选中，示例代码如下。

```
//检查 ID 为 test 的元素是否可见
if ( $('#test').is(':visible') ) {
    console.log('元素可见');
} else {
    console.log('元素不可见');
}
//检查单选按钮是否有被选中
if ( $('input[type=radio]').is(':checked') ) {
    console.log('单选按钮被选中');
} else {
    console.log('单选按钮未被选中');
}
```

2. 返回值

is( ) 函数的返回值为 Boolean 类型，以指示当前 jQuery 对象所匹配的元素与参数 expr 所表示的元素是否存在交集，如果存在交集，则返回 true，否则返回 false。

18.3 任务实施

根据分析可知，任务实施的具体步骤如下：
1) 撰写 HTML 代码。

```html
<div id="category">
    <div class="catHead">
        <p>笔记本计算机品牌</p>
    </div>
    <div class="catContent">
        <ul>
            <li><a href="#">联想(lenovo)</a></li>
            <li><a href="#">惠普(HP)</a></li>
            <li><a href="#">戴尔(DELL)</a></li>
            <li><a href="#">华为(HUAWEI)</a></li>
            <li><a href="#">华硕(ASUS)</a></li>
            <li><a href="#">小米(MI)</a></li>
            <li><a href="#">宏碁(acer)</a></li>
            <li><a href="#">英特尔(Intel)</a></li>
            <li><a href="#">海尔(Haier)</a></li>
            <li><a href="#">LG</a></li>
```

```html
        <li><a href="#">神舟(HASEE)</a></li>
        <li><a href="#">苹果(APPLES)</a></li>
      </ul>
      <div class="catBot"><a href="#">展开</a>
        <img src="img/down.gif">
      </div>
    </div>
  </div>
```

2）撰写 CSS 代码。

```css
a{text-decoration:none;font-size:13px;color:#000;}
#category{border:solid 1px #CCCCCC;width:450px;overflow:hidden}
#category .catHead{background-color:#eee;padding:8px;height:30px;cursor:pointer}
#category .catHead p{padding:0px;margin:0px;float:left;font-weight:bold;line-height:30px;}
#category .catHead span{float:right;margin-top:3px}
#category .catContent{padding:8px}
#category .catContent ul{list-style-type:none;margin:0px;padding:0px}
#category .catContent ul li{float:left;width:140px;height:23px;line-height:23px}
#category .catBot{float:right;padding-top:5px;padding-bottom:5px}
```

3）引入 jQuery 库文件，代码如下：

```html
<script type="text/javascript" src="js/jquery-3.7.0.min.js"></script>
```

4）撰写 JavaScript 实现效果。

① 隐藏第 7 个品牌到最后 1 个品牌，代码如下：

```javascript
let $con=$("li:gt(5)");    //获取索引大于 5 的<li>元素
$con.hide();               //隐藏这些元素
```

② 给右下角的链接文件绑定单击事件，代码如下：

```javascript
$(".catBot a").click(function(){});
```

③ 在事件处理函数体内，使用条件语句来判断前面选择的品牌。

如果选择品牌的当前状态为隐藏，则将其更改为显示状态，同时把链接文件更改为"收起"，把向下指向的图标更改为向上指向的图标。如果选择品牌的当前状态为显示，则将其更改为隐藏状态，同时把链接文件更改为"展开"，把向上指向的图标更改为向下指向的图标。

```javascript
if($con.is(":hidden")){
    $(".catBot").find("img").attr("src","img/up.gif");    //更改为向上指向的图标
    $(this).html("收起");                                  //更改链接文本为"收起"
    $con.show();                                          //显示隐藏的品牌
}else{
    $(".catBot").find("img").attr("src","img/down.gif");  //更改为向下指向的图标
    $(this).html("展开");                                  //更改链接文本为"展示"
    $con.hide();                                          //隐藏选择的品牌
}
```

18.4 证赛观测

1. 对接 1+X "Web 前端开发" 职业技能等级证书情况

该任务所学知识对接 Web 前端开发职业技能等级要求（初级）的情况如下：

工作领域：3. 轻量级前端框架应用。
工作任务：3.1 jQuery 基础编程。
职业技能要求：3.1.2 能使用 jQuery 操作网页元素。

2. 对接技能竞赛情况

同任务 1 的赛项。

18.5　课后练习

1.（单选题）以下不是 jQuery 选择器的是（　　）。
  A. 基本选择器　　　　　　　　　　B. 链接选择器
  C. 内容过滤选择器　　　　　　　　D. 表单选择器
2.（单选题）以下 4 个选项中不能正确得到<input>元素的是（　　）。

```
<input type="submit" value="确定" id="btn">
```

  A. $("#btn")
  B. $("input[value='确定']")
  C. $('input[type="submit"]')
  D. $(".btn")
3.（单选题）以下 4 个选项中能够让"这是第 4 段"变红色的是（　　）。

```
<div>
    <p>第 1 个段落</p>
    <p>第 2 个段落</p>
    <p id="p3">第 3 个段落</p>
    <p>第 4 个段落</p>
</div>
```

  A. $("p:last").css("color","red")
  B. $("#p3").siblings("p").css("color","red")
  C. $("p:nth-child(4)").css("color","red")
  D. $("#p3").nextAll().css("color","red")
4.（实操题）使用 jQuery 及相关知识制作一个课表，要求同一门课程的背景颜色一样，且当指针经过某行时，当前整行背景颜色发生改变，当指针滑离该行时，该行的背景颜色恢复到原来的状态。
5.（实操题）使用 jQuery 及相关知识制作一个带有下拉菜单的导航，效果如图 18-3 所示。

图 18-3　导航效果

6.（实操题）编写 jQuery 代码，实现快速切换商品的功能，即当鼠标滑到左边的菜单上时，右边的图片区域显示对应的商品图，效果如图 18-4 所示。

7.（实操题）制作一个折叠菜单，参考效果如图 18-5 所示。

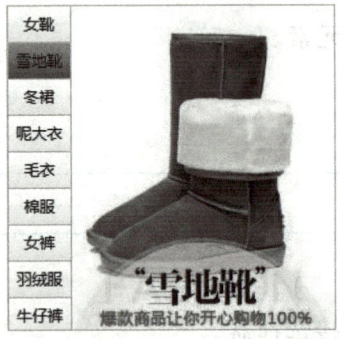 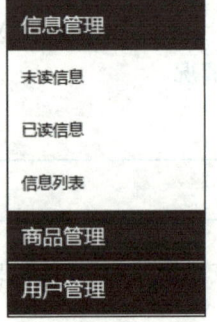

图 18-4　快速切换商品图效果　　　　图 18-5　折叠菜单效果

任务 19 使用 jQuery 实现文章栏目切换显示效果

【知识目标】
- 掌握操作 CSS 的方法；
- 掌握操作类样式的方法。

【技能目标】
- 能够使用 CSS( ) 方法操作样式；
- 能够使用操作类样式的方法制作 Tab 栏效果。

【素质目标】
- 培养学生自主探究的能力；
- 培养学生的学习兴趣。

码 19-0 品故事 悟道理：代码里的灯塔

【知识导图】

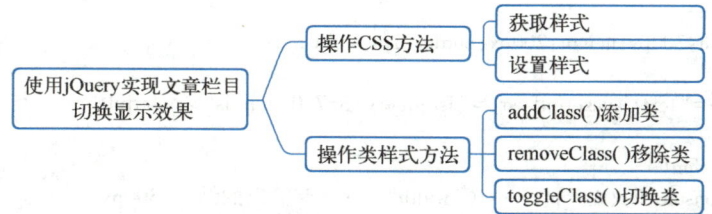

19.1 任务描述与分析

码 19-1 任务效果演示

本任务是制作 Tab 栏切换效果，具体的业务逻辑为：单击导航上的菜单项时，在栏目上将会显示相应的标题列表。

根据描述可知，任务的具体实现思路如下：

1) 编写页面结构和内容。
2) 编写 CSS 代码。
3) 引入 jQuery 库文件。
4) 编写 jQuery 代码，实现 Tab 栏切换的业务逻辑。默认情况下，导航上的第一个菜单项以及其所对应的栏目处于激活状态；当单击其他菜单项时，被单击的菜单项以及其所对应的栏目处于激活状态，具体可以使用排他操作来实现这样的效果。

任务效果如图 19-1 和图 19-2 所示。

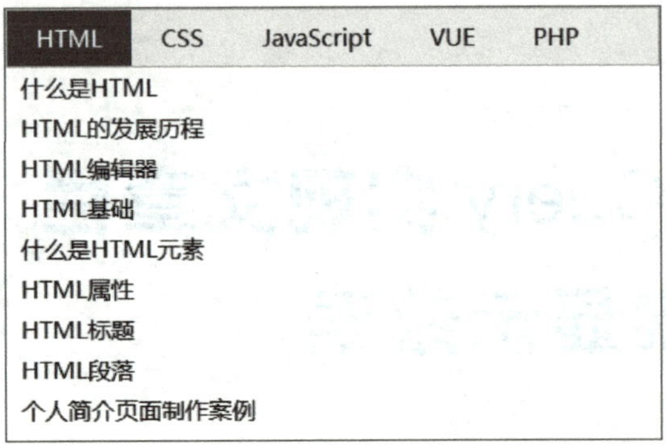

图 19-1　文章栏目效果 1

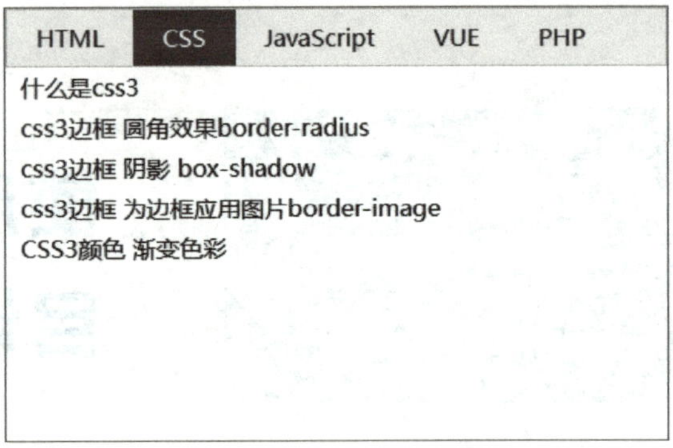

图 19-2　文章栏目效果 2

19.2　知识学堂

在前端开发的过程中，样式承担着网页美化的重要任务。jQuery 提供了两种方式（操作 CSS 方法和操作类样式方法），便于快速高效地操作网页样式。

19.2.1　操作 CSS 方法

jQuery 提供的 CSS( ) 方法可以用来获取和设置样式。

码 19-2　操作 CSS 方法

1. 获取样式

在某些情况下，需要获取样式的值，此时就可以使用该种方法，示例代码如下：

```
⋮
<style>
    p{width:300px;height:200px;border:1px solid red;}
</style>
<script type="text/javascript" src="js/jquery-3.7.0.min.js"></script>
<script>
    $(function(){
        console.log($("p").css("width"));    //输出的结果:300px
    });
</script>
⋮
<p></p>
```

2. 设置样式

使用 CSS( ) 方法可以设置单个或多个样式，示例代码如下：

```
⋮
<script type="text/javascript" src="js/jquery-3.7.0.min.js"></script>
<script>
    $(function(){
        $("#p1").css("color","red");     //设置单个样式
        $("#p2").css({                    //设置多个样式
            color:"green",
            fontWeight:"bold",
            fontSize:"20px"
```

```
            });
        });
    </script>
    ⋮
<p id="p1">奋斗的青春最美丽</p>
<p id="p2">不要在该奋斗的时候选择了懒惰</p>
    ⋮
```

> **注意：**
> 在上述代码中，设置多个样式时需以对象的形式书写，属性名可以不加引号，但需要用驼峰法书写。

19.2.2　操作类样式方法

码 19-3　操作类样式方法

操作类样式就是通过操作元素的类名进行元素样式的操作，主要包括添加类、移除类、切换类等方法。

1. addClass( )添加类

该方法为每个匹配的元素添加一个或多个类名。其语法格式如下：

```
$(selector).addClass(className)
```

上述代码中，参数 className 为要添加的类名，如果有多个类名，则需要使用空格分隔。

2. removeClass( )移除类

该方法是从被选元素中移除一个或多个类。其语法格式如下：

```
$(selector).removeClass(className)
```

上述代码中，参数 className 为要移除的类名，如果有多个类名，则需要使用空格分隔。

3. toggleClass( )切换类

该方法的作用是为匹配的元素添加或移除某个类，如果该类存在，就删除该类，否则添加该类。其语法格式如下：

```
$(selector).toggleClass(className)
```

上述代码中，参数 className 为要添加或移除的类名，如果有多个类名，则需要使用空格分隔。

示例：使用操作类样式的方法实现开、关灯效果，代码如下：

```
⋮
<style type="text/css">
.box{height:200px;width:200px;background:url(images/1.jpg) center center no-repeat;}
.on{background:url(images/2.jpg) center center no-repeat}
</style>
<script type="text/javascript" src="js/jquery-3.7.0.min.js"></script>
<script type="text/javascript">
$(document).ready(function(){
    //开灯效果
    $("button").eq(0).click(function(){
        $(".box").addClass("on");
```

```
    });
    //关灯效果
    $("button").eq(1).click(function(){
        $(".box").removeClass("on");
    });
    //开灯、关灯切换
    $("button").eq(2).click(function(){
        $(".box").toggleClass("on");
    });
});
</script>
⋮
<button>开灯</button>
<button>关灯</button>
<button>开灯/关灯</button>
<div class="box"  class="on"></div>
⋮
```

上述示例的运行效果如图 19-3 和图 19-4 所示。

图 19-3　关灯状态　　　　　　图 19-4　开灯状态

19.3　任务实施

根据分析可知任务实施的具体步骤如下：

1）编写页面结构和内容，代码如下：

```
<div class="tab">
    <div class="tab_list">
        <ul>
            <li class="current">HTML</li>
            <li>CSS</li>
            <li>JavaScript</li>
            <li>VUE</li>
            <li>PHP</li>
        </ul>
    </div>
    <div class="tab_con">
        <div class="item" style="display:block;">
            <a href="#">什么是 HTML</a>
            <a href="#">HTML 的发展历程</a>
            <a href="#">HTML 编辑器</a>
```

```html
            <a href="#">HTML 基础</a>
            <a href="#">什么是 HTML 元素</a>
            <a href="#">HTML 属性</a>
            <a href="#">HTML 标题</a>
            <a href="#">HTML 段落</a>
            <a href="#">个人简介页面制作案例</a>
        </div>
        <div class="item">
            <a href="#">什么是 css3</a>
            <a href="#">css3 边框圆角效果 border-radius</a>
            <a href="#">css3 边框阴影 box-shadow</a>
            <a href="#">css3 边框为边框应用图片 border-image</a>
            <a href="#">CSS3 颜色渐变色彩</a>
        </div>
        <div class="item">
            <a href="#">什么是 JavaScript</a>
        </div>
        <div class="item">
            <a href="#">什么是 VUE</a>
        </div>
        <div class="item">
            <a href="#">什么是 PHP</a>
        </div>
    </div>
</div>
```

2) 编写 CSS 代码。

```css
* {margin: 0;padding: 0;}
li {list-style-type: none;}
.tab {width: 450px;height:300px;border:1px solid gray;margin: 100px auto;}
.tab_list {height: 39px;border: 1px solid #ccc;background-color: #f1f1f1;}
.tab_list li {float: left;height: 39px;line-height: 39px;padding: 0 20px;text-align: center;cursor: pointer;}
.tab_list .current {background-color: #c81623;color: #fff;}
.item_info {padding: 20px 0 020px;}
.item {display:none;}
.item a{display: block;height:28px;line-height:28px;text-decoration: none;color:black;padding-left:10px;}
```

3) 引入 jQuery 库文件, 代码如下:

```html
<script src="js/jquery-3.7.0.min.js"></script>
```

4) 编写 jQuery 代码实现效果。

```javascript
//给菜单项添加单击事件
$(".tab_list li").click(function () {
    //给当前的 li 添加 current 类, 删除其所有兄弟的 current 类
    $(this).addClass("current").siblings().removeClass("current");
    //获取当前的 li 的索引
    let index = $(this).index();
    //让内容区域里相应索引号的 item 显示, 其余的 item 隐藏
    $(".tab_con .item").eq(index).show().siblings().hide();
});
```

19.4 证赛观测

1. 对接 1+X "Web 前端开发" 职业技能等级证书情况

该任务所学知识对接 Web 前端开发职业技能等级要求（初级）的情况如下：

工作领域：3. 轻量级前端框架应用。

工作任务：3.1 jQuery 基础编程。

职业技能要求：3.1.2 能使用 jQuery 操作网页元素。

2. 对接技能竞赛情况

同任务 1 的赛项。

19.5 课后练习

1.（单选题）以下代码的输出结果是（　　）。

HTML 代码：

```
<p style="width:300px;height:200px;border:1px solid red;"></p>
```

jQuery 代码：

```
console.log($("p").css("border"))
```

A. 1px   B. 1px solid rgb(255,0,0)

C. 1px solid   D. solid

2.（单选题）关于以下 jQuery 代码，说法正确的是（　　）。

```
$("p").css("color","red").css("font-size","50px");
```

A. 段落字体为红色，字体大小为默认大小

B. 段落字体为默认颜色，字体大小为 50 px

C. 段落字体为红色，字体大小为 50 px

D. 段落字体为默认颜色，字体大小为默认大小

3.（单选题）以下 4 个选项中，能够实现从被选元素中移除一个或多个类的是（　　）。

A. toggleClass()   B. removeClass()

C. deleteClass()   D. addClass()

4.（单选题）关于 toggleClass()方法说法错误的是（　　）。

A. toggleClass()方法可以为被选中的元素添加类名

B. toggleClass()方法可以为被选中的元素移除类名

C. toggleClass()方法能够为被选中的元素添加或移除类名

D. toggleClass()方法只能为被选中的元素添加或移除一个类名

5.（实操题）使用 jQuery 设置 p 元素的边框为 1 px、solid、green，字体为红色、字体大小为 18 px。

6.（实操题）使用 jQuery 实现 Tab 栏切换效果，如图 19-5 和图 19-6 所示。

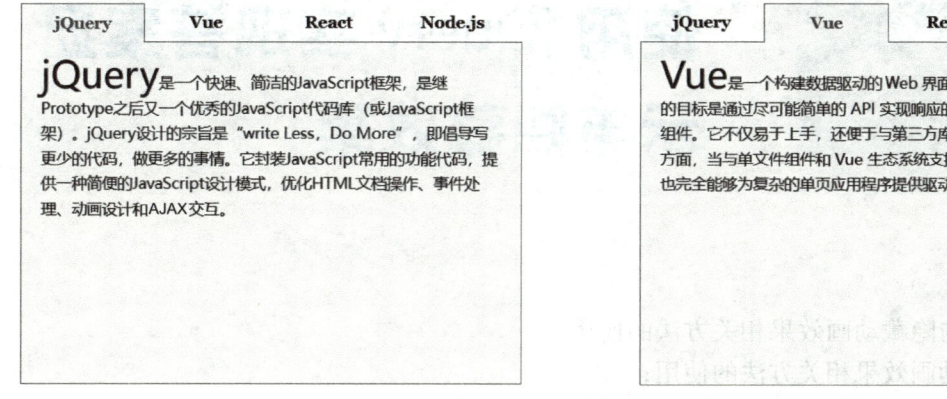

图 19-5　jQuery 栏　　　　　　　　　　　图 19-6　Vue 栏

任务 20 使用 jQuery 实现答案显示与隐藏效果

【知识目标】
- 掌握显示与隐藏动画效果相关方法的使用；
- 掌握滑动动画效果相关方法的使用；
- 掌握淡入/淡出动画效果相关方法的使用；
- 掌握 jQuery 事件方法 on( ) 的使用。

【技能目标】
- 能够根据需求对匹配的元素实现隐藏与显示动画效果；
- 能够根据需求对匹配的元素实现上滑与下滑动画效果；
- 能够根据需求对匹配的元素实现淡入与淡出动画效果。

【素质目标】
- 培养学生探究学习的能力；
- 培养学生严谨的逻辑思维能力；
- 培养学生团队沟通协作的能力。

码 20-0 品故事 悟道理：一段 JavaScript 课里 的劳动叙事

【知识导图】

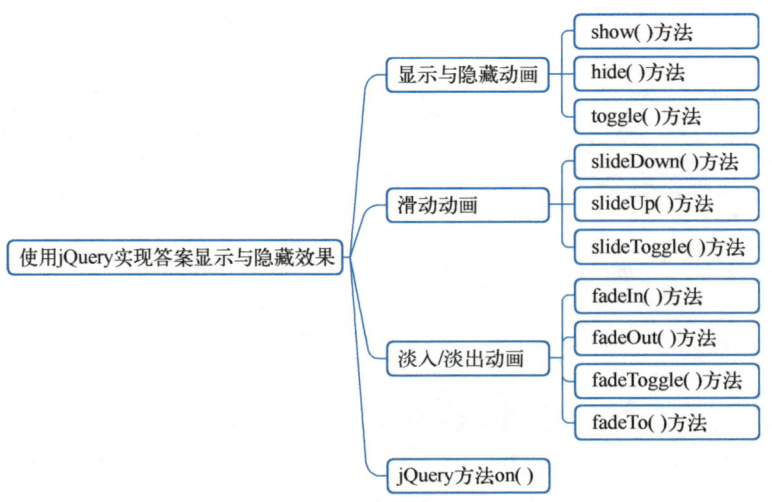

20.1 任务描述与分析

码 20-1 任务效果演示

本任务是在开发线上作业系统或线上自测系统时,开发查看答案的功能,该功能具体的业务逻辑为:默认情况下,答案是不显示出来的;当单击"查看答案"文本链接时,将会显示答案;当再次单击"查看答案"文本链接时,将会隐藏答案。任务参考效果如图 20-1 和图 20-2 所示。

图 20-1 答案不显示

图 20-2 答案显示

根据任务描述,实现该效果可以使用 jQuery 提供的动画事件方法来实现,如隐藏与显示动画、滑动动画、上滑与下滑动画等相关方法。

20.2 知识学堂

20.2.1 显示与隐藏动画

码 20-2 显示与隐藏动画

在 jQuery 中,可以使用 show( ) 和 hide( ) 方法控制元素的显示和隐藏,也可以使用 toggle( ) 方法来切换元素的显示和隐藏,具体用法如表 20-1 所示。

表 20-1　控制元素显示和隐藏的方法

方法	作用	参数说明
show(speed,easing,callback)	显示已隐藏的匹配元素	speed 表示动画速度，单位为毫秒，默认值为 0，该参数还可以使用预定义的速度值 slow、normal 和 fast
hide(speed,easing,callback)	隐藏已显示的匹配元素	easing 表示切换效果，参数值有 swing（默认）和 linear
toggle(speed,easing,callback)	对匹配的元素的显示与隐藏效果进行切换	callback 表示回调函数，即动画完成后执行的函数

显示与隐藏动画效果的示例代码如下：

```
<!doctype html>
<head>
<meta charset="html">
<title></title>
<script type="text/javascript" src="js/jquery-3.7.0.min.js"></script>
<script type="text/javascript">
$(document).ready(function(){
    //显示
    $("button").eq(0).click(function(){
        $("h2").show(1500,function(){
            alert('已显示');
        });
    });
    //隐藏
    $("button").eq(1).click(function(){
        $("h2").hide(1000,function(){
            alert('已隐藏');
        });
    });
    //显示/隐藏切换
    $("button").eq(2).click(function(){
        $("h2").toggle('slow');
    });
});
</script>
</head>
<body>
<button>显示</button>
<button>隐藏</button>
<button>显示/隐藏</button>
<h2>只争朝夕，不负韶华</h2>
</body>
</html>
```

运行上述代码，效果如图 20-3 所示。单击"隐藏"按钮时，标题文本会用 1000 毫秒的时长实现隐藏，并弹出窗口输出提示信息。单击"显示"按钮时，标题文本会用 1500 毫秒的时长显示出来，并弹出窗口输出提示信息。单击"显示/隐藏"按钮，可实现隐藏与显示效果切换。

图 20-3　显示和隐藏效果

20.2.2 滑动动画

在 jQuery 中，可以使用 slideDown()、slideUp()、slideToggle() 等方法控制元素的滑动效果，具体用法如表 20-2 所示。

码 20-3 滑动动画

表 20-2 控制元素滑动效果的方法

方　　法	作　　用	参　数　说　明
slideDown(speed, easing, callback)	向下滑动显示匹配的元素	speed 表示动画速度，单位为毫秒，默认值为 0，该参数还可以使用预定义的速度值 slow、normal 和 fast easing 表示切换效果，参数值有 swing（默认）和 linear callback 表示回调函数，即动画完成后执行的函数
slideUp(speed, easing, callback)	向上滑动显示匹配的元素	
slideToggle(speed, easing, callback)	在上滑和下滑两种效果之间进行切换	

滑动动画效果的示例代码如下：

```
<!DOCTYPE html>
<html>
    <head>
        <meta charset="utf-8">
        <title></title>
        <style>
            ul,li{padding:0px;margin:0px;list-style: none;}
            .nav li{width:220px;min-height:40px;}
            .nav>li{background-color: green;}
            .nav a{text-decoration: none;display: block;height:40px;text-align: center;
                line-height: 40px;color:white;font-size: 13px;}
            .nav>li>a{font-size:14px;font-weight: bold;}
            .nav li>ul{display: none;}
            .nav>li>ul a{background-color: seagreen;}
            .nav>li>ul a:hover{background-color: orange;}
        </style>
        <script src="js/jquery-3.7.0.min.js"></script>
        <script>
            $(document).ready(function(){
                //给类名为 nav 的元素的子元素 li 绑定指针移入事件
                $(".nav>li").mouseover(function(){
                    //给当前元素的子元素 ul 添加下滑效果
                    $(this).children("ul").stop().slideDown(200);
                });
                //给类名为 nav 的元素的子元素 li 绑定指针移出事件
                $(".nav>li").mouseout(function(){
                    //给当前元素的子元素 ul 添加上滑效果
                    $(this).children("ul").stop().slideUp(200);
                });
            });
        </script>
    </head>
    <body>
        <ul class="nav">
            <li>
```

```
            <a href="#">联系我</a>
            <ul>
                <li><a href="#">电子邮箱：382526903@qq.com</a></li>
                <li><a href="#">手机号码：12345678912</a></li>
                <li><a href="#">400电话：400-12345</a></li>
            </ul>
        </li>
    </ul>
</body>
</html>
```

在上述代码中，stop()方法用于停止当前正在执行的动画，并开始执行动画队列中的下一个动画。运行上述代码，当指针滑入菜单项时，将会下滑显示子菜单项，当指针移出菜单时，子菜单将会上滑隐藏，效果如图20-4和图20-5所示。

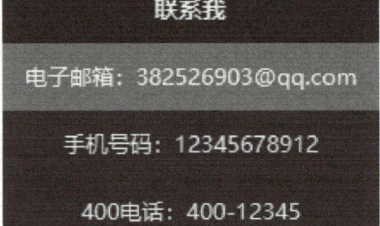

图20-4　指针滑入前效果　　　　图20-5　指针滑入后效果

20.2.3　淡入/淡出动画

码20-4　淡入/淡出动画

在jQuery中，可以使用fadeIn()、fadeOut()、fadeToggle()、fadeTo()等方法控制元素淡入/淡出效果，具体用法如表20-3所示。

表20-3　控制元素淡入/淡出效果的方法

方　　法	作　　用	参　数　说　明
fadeIn(speed,easing,callback)	淡入显示匹配的元素	speed：可选，表示动画速度，单位为毫秒，默认值为0，该参数还可以使用预定义的速度值slow、normal和fast
fadeOut(speed,easing,callback)	淡出显示匹配的元素	easing：可选，表示切换效果，参数值有swing（默认）和linear
fadeToggle（speed, easing, callback）	在淡入和淡出两种效果之间进行切换	callback：可选，表示回调函数，即动画完成后执行的函数
fadeTo（speed, opacity, easing, callback）	以淡入/淡出方式将匹配元素过渡到指定的透明度	speed、easing、callback 3个参数与上述一致opacity：必须，表示透明度数值，范围在0~1之间，0表示完成透明，1表示完成不透明

淡入/淡出动画效果的示例代码如下：

```
<!DOCTYPE html>
<html>
    <head>
        <meta charset="utf-8">
```

```html
<title></title>
<style>
.fruits_img{border:1px solid lightgray;width:170px;height:155px;float:left;
    margin-right:10px;position:relative;}
.fruits_img img{position:absolute;}
.fruits_img h2{margin:0px;position:absolute;top:0px;width:100%;
    background-color:limegreen;text-align:center;opacity:0.6;display:none;}
</style>
<script src="js/jquery-3.7.0.min.js"></script>
<script>
    $(document).ready(function(){
        $(".fruits_img").mouseover(function(){
            //标题文本淡入效果
            $(this).children("h2").stop().fadeIn()
        });
        $(".fruits_img").mouseout(function(){
            //标题文本淡出效果
            $(this).children("h2").stop().fadeOut()
        });
    });
</script>
</head>
<body>
    <div class="fruits">
        <div class="fruits_img">
            <img src="images/apple.png">
            <h2>apple</h2>
        </div>
        <div class="fruits_img">
            <img src="images/orage.png">
            <h2>orange</h2>
        </div>
        <div class="fruits_img">
            <img src="images/fig.png">
            <h2>fig</h2>
        </div>
    </div>
</body>
</html>
```

运行上述代码，效果如图20-6所示。当把指针移入图片中时，将会以淡入的效果显示该图片对应的英文单词，如图20-7所示。当把指针移出该图片时，英文单词将会以淡出的效果消失。

图20-6 指针移入图片前的效果

图 20-7　指针移入图片后的效果

20.2.4　jQuery 方法 on()

码 20-5　jQuery 方法 on()

on()方法是一个官方推荐的绑定事件的方法，它能够为当前所选元素、子元素或动态创建的元素添加一个或多个事件处理程序。如果需要删除事件处理程序，则可以使用 jQuery 提供的 off()方法。on()方法的语法格式如下：

```
$(selector).on(event,childSelector,data,function)
```

参数说明如下。

event：必选，指定事件名称，支持多个事件，多个事件用空格分隔，也可以是 map 参数和数组。

childSelector：可选，添加事件程序的子元素（不是父选择器本身）。

data：可选，传递到事件对象 event 的参数。

function：必选，定义事件发生时运行的函数。

使用 on()方法实现"20.2.3 淡入/淡出动画效果"中示例的效果，关键 JavaScript 代码如下：

```
$(".fruits_img").on({
    'mouseover':function(){
        $(this).children("h2").stop().fadeIn();
    },
    'mouseout':function(){
        $(this).children("h2").stop().fadeOut();
    }
});
```

20.3　任务实施

根据分析可知，任务实施的具体步骤如下：

1）编写页面结构和内容，代码如下：

```
<ol class="item">
    <li>"绿水青山就是金山银山"，下列做法与该主题不符的是(　　)。
        <ol type="A">
            <li>研制开发清洁能源</li>
            <li>工业废水灌溉农田</li>
            <li>分类回收生活垃圾</li>
            <li>积极推广共享单车</li>
```

```
        </ol>
        <div class="show"><a href="#">查看答案</a></div>
        <div class="daan">答案：<span>B</span>。建设美丽中国，需要我们每一个人树立生态
文明意识，推动经济转型升级，树立可持续发展观念，遵守环境保护法律法规，履行保护环境的义
务，减少日常生活对环境造成的损害，需要关注身边的环境状况，坚持走绿色发展道路，大力倡导
绿色生产生活方式，用实际行动为美丽中国做贡献。选项 ACD 符合该主题，而选项 B 显然不符。
        </div>
    </li>
</ol>
```

2）编写 CSS 代码。

```
a{text-decoration: none;font-size:13px;color:black;}
.item{border: 1px solid lightgrey; width: 580px; margin-left: 20px; margin-top: 20px; padding-bottom:
    20px;padding-top:20px;border-radius: 5px;box-shadow: 5px 6px 10px gray;}
li{min-height:30px;}
.show{margin-right:20px;}
.daan{font-size:14px;display: none;margin-right:20px;border: 1px dotted lightgrey;padding:5px;
    border-radius: 5px;background-color: lightgoldenrodyellow;}
.daan span{color:red;font-weight: bold;}
```

3）引入 jQuery 库文件，代码如下：

```
<script src="js/jquery-3.7.0.min.js"></script>
```

4）编写 jQuery 代码实现效果。

```
$(document).ready(function(){
    $(".show>a").click(function(){
        $(this).parents("li").children(".daan").slideToggle(400);
    });
});
```

20.4 证赛观测

1. 对接 1+X "Web 前端开发" 职业技能等级证书情况

该任务所学知识对接 "Web 前端开发" 职业技能等级要求（初级）的情况如下：

工作领域：3 轻量级前端框架应用。

工作任务：3.2 jQuery 动态效果开发。

职业技能要求：3.2.1 能使用 jQuery 基本动画为页面添加动态效果。

2. 对接技能竞赛情况

同任务 1 的赛项。

20.5 课后练习

1.（单选题）在 jQuery 中，关于 show()方法的描述错误的是（　　）。

A. 用于隐藏匹配的元素

B. 用于显示匹配的元素

C. 能够设置动画的时间

D. 能够定义动画完成时执行的函数

2. (单选题) 在 jQuery 中，可实现淡入动画效果的方法是 (　　)。
A. show( )　　　B. hide( )　　　C. fadeOut　　　D. fadeIn

3. (单选题) 在 jQuery( )中，关于 fadeTo( )方法描述正确的是 (　　)。
A. 该方法只能用于淡入显示匹配的元素
B. 该方法只能用于淡出显示匹配的元素
C. 该方法可用于匹配元素在淡入与淡出两种效果间的切换
D. 该方法以淡入/淡出方式将匹配元素调整到指定的透明度

4. (单选题) 以下 4 个选项中，能够实现下滑动画效果的是 (　　)。
A. FadeIn　　　B. FadeOut　　　C. show( )　　　D. slideDown( )

5. (单选题) jQuery 提供的用于停止动画效果的方法是 (　　)。
A. stop( )　　　B. off( )　　　C. animate( )　　　D. stopAnimate( )

6. (操作题) 使用 jQuery 及相关知识制作一个广告显示与隐藏效果，其具体业务逻辑为：当页面加载完成 3 s 后，广告图片由页面顶部下滑显示出来；广告图片显示 5 s 后，以上滑的效果消失。本题的参考效果如图 20-8 所示。

图 20-8　广告效果

任务 21 使用 jQuery 实现焦点幻灯效果

【知识目标】
- 掌握 animate( ) 的基本语法及应用；
- 掌握如何延迟动画；
- 掌握 animate( ) 操作多个属性的方法；
- 掌握 animate( ) 使用相对值的方法；
- 掌握动画队列的应用。

【技能目标】
- 能够使用 animate( ) 方法创建简单的自定义动画；
- 能够使用动画队列知识实现较复杂的动画效果。

【素质目标】
- 培养学生探究学习的能力；
- 增强学生对我国传统文化的认同感和文化自信。

码 21-0　品故事　悟道理：汪滔大疆无人机的创业故事

【知识导图】

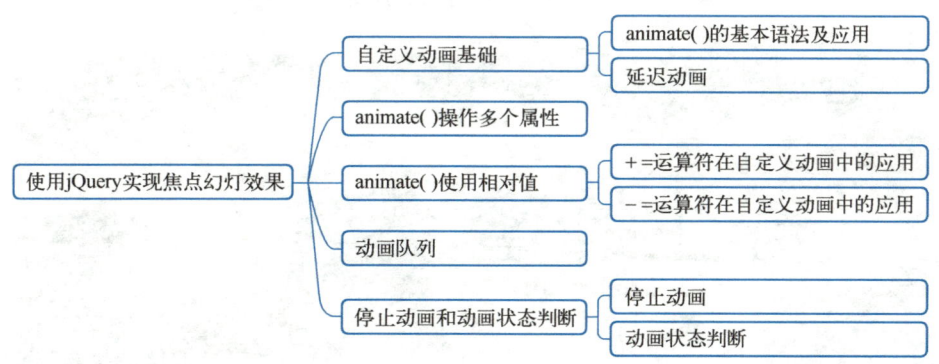

21.1　任务描述与分析

码 21-1　任务效果演示

本任务是在开发网站时，设计焦点幻灯效果，该任务具体的业务逻辑为：在页面加载完成后，幻灯图片将会从右向左移动，同时通过数字标签标记当前是第几张幻灯图片；当幻灯图片切换到最后一张时，将会重新跳转到第一张幻灯图片；当指针移到数字标签时，将会横向切换成相应的幻灯图片。任务参考效果如图 21-1、图 21-2 和图 21-3

所示。

根据任务描述可知，实现该效果，可以使用 jQuery 提供的自定义动画以及相关知识。

图 21-1　幻灯第 1 张图

图 21-2　幻灯第 2 张图

图 21-3　幻灯第 3 张图

21.2　知识学堂

在任务 20 中介绍了显示与隐藏、上下滑动、淡入淡出 3 种动画效果，它们只能满足一般的动画要求，要实现更复杂的动画，还需要应用自定义动画，以下介绍自定义动画方法 animate() 的使用。

21.2.1 自定义动画基础

1. animate() 的基本语法及应用

jQuery 提供了用于自定义动画的事件方法 animate()，开发者可以根据需要定制各种不同的动画效果。如下为 animate() 方法的基本语法：

```
$("selector").animate({params}, speed, callback)
```

参数说明如下：

params：必选，该参数用于定义在执行 animate() 方法时要改变的 CSS 属性。

speed：可选，该参数用于定义动画效果的速度，参数值可以是 slow、normal、fast 或者毫秒数，时间越短，动画速度越快；时间越长，动画速度越慢。

callback：可选，该参数用于定义 animate() 方法执行结束后调用的函数，通常称为回调函数。

animate() 方法的示例代码如下：

```html
<!DOCTYPE html>
<html>
    <head>
        <meta charset="utf-8">
        <title></title>
        <style>
            .car{position: absolute;}
        </style>
        <script type="text/javascript" src="js/jquery-3.7.0.min.js"></script>
        <script>
            $(function(){
                $("#btn").on('click',function(){
                    $('img').animate({
                        left:'800px'
                    },10000);
                });
            })
        </script>
    </head>
    <body>
        <button id="btn">开始动画</button>
        <img class="car" src="images/car.gif" width="200">
    </body>
</html>
```

运行上述代码，效果如图 21-4 所示，当单击"开始动画"按钮时，此时车子会向右移动 800 像素，如图 21-5 所示。在上述代码中，因为页面上的 HTML 元素默认是静态定位的，所以如果要使元素的位置发生变化，则需要设置该元素的定位类型为 relative、absolute 或 fixed。

图 21-4 动画开始前

图 21-5 动画开始后

2. 延迟动画

在实际应用中，有时需要延迟指定时间再执行动画，此时可以使用 delay() 方法。使用该方法可以推迟动画队列中函数的执行，也可以用于自定义队列。延迟动画的示例代码如下：

$("div").slideDown(500).delay(2000).slideUp(500) //该语句执行后，使用 500 ms 下滑显示 div 元素，接着暂停 2000 ms，再使用 500 ms 上滑隐藏 div 元素

$("div").delay(1000).animate({left:'500px'}); //该语句执行后，先等待 1000 ms，然后向右移动 500 px

21.2.2 animate() 操作多个属性

码 21-3 animate() 操作多个属性

在应用自定义动画时，通常需要同时执行多个动画，例如，在改变位置的同时也改变颜色、大小、透明度等。要实现同时执行多个动画，只需设置多个 CSS 属性即可，注意多个属性值之间用逗号隔开。

animate() 操作多个属性的示例代码如下：

```html
<!DOCTYPE html>
<html>
    <head>
        <meta charset="utf-8">
        <title></title>
        <style>
            #btn{position:absolute;bottom:5px;}
            .balloon{position:absolute;bottom:10px;left:50px;}
        </style>
        <script type="text/javascript" src="js/jquery-3.7.0.min.js"></script>
        <script>
            $(function(){
                $("#btn").click(function(){
                    $(".balloon").animate({
                        opacity:'0',
                        bottom:'1000px',width:'30px'
                    },5000);
                });
            })
        </script>
    </head>
    <body>
        <button id="btn">开始动画</button>
        <img class="balloon" src="images/balloon.png" width="200">
    </body>
</html>
```

运行上述代码的效果如图 21-6 所示,单击"开始动画"按钮时,气球将会向上运动,并且气球会逐渐变透明。

图 21-6　气球向上运动

21.2.3　animate()使用相对值

码 21-4　animate()使用相对值

使用 animate()设置自定义动画时,参数中的 CSS 属性值可以使用相对值,即每次调用时,CSS 属性值会在原有值的基础上进行增加或减少,设置属性值的时候需要在属性值的前面加上"+="或"-="运算符,示例代码如下:

```
<!DOCTYPE html>
<html>
    <head>
        <meta charset="utf-8">
        <title></title>
        <script type="text/javascript" src="js/jquery-3.7.0.min.js"></script>
        <script>
            $(function(){
                //设置图片大小为 200 px
                $("#pic").width('200px');
                //给按钮添加单击事件
                $("#btn").on("click",function(){
                    //给图片添加动画
                    $("#pic").animate({
                        width:'+=200px'
                    },2000);
                });
            })
        </script>
    </head>
    <body>
        <button id="btn">变大</button><br>
        <img id="pic" src="images/aoyun.png">
    </body>
</html>
```

运行上述代码,效果如图 21-7 所示,当每次单击"开始动画"按钮时,图片的宽度将会在原来宽度的基础上等比增大 200 像素。

图 21-7 单击按钮图片放大

21.2.4 动画队列

如果同一个元素对象定义了多个动画,则动画会排队等待执行。如果是不同的元素对象都有动画,则不会出现排队机制。动画队列的示例代码如下:

码 21-5 动画队列

```html
<!DOCTYPE html>
<html>
    <head>
        <meta charset="utf-8">
        <title></title>
        <style>
            div{background:#F0F2F4 url(images/peaple.jpg) center center no-repeat;
                height:300px;width:300px;border:1px solid lightgray;position:relative;}
            div p{position:absolute;top:190px;left:-270px;font-size: 25px;
                text-align:center;color:red;}
        </style>
        <script type="text/javascript" src="js/jquery-3.7.0.min.js"></script>
        <script>
            $(function(){
                $("button").click(function(){
                    let div=$("div");
                    let p=$("p");
                    //动画队列
                    div.animate({height:'500px',opacity:'0.4'},300);
                    div.animate({width:'500px',opacity:'0.8'},300);
                    div.animate({height:'300px',opacity:'0.4'},300);
                    div.animate({width:'300px',opacity:'1',borderRadius:'150px'},300);
                    //延时1200ms后,给p标签添加动画
                    p.delay(1200).animate({left:'40px'},"fast")
                });
            })
        </script>
    </head>
    <body>
        <button>开始动画</button><br><br>
        <div><p>你了解戏曲文化吗?</p></div>
```

```
            </body>
        </html>
```

运行上述代码，效果如图 21-8 所示，当单击"开始动画"按钮时，动画的效果依次为：方框的高度变成 500 像素，透明度变成 0.4；方框的宽度变成 500 像素，透明度变成 0.8；方框的高度变成 300 像素，透明度变成 0.4；方框的宽度变成 300 像素，透明度变成 1，并逐渐过渡为圆形；从左侧飞入文本。此时的效果如图 21-9 所示。

在上述代码中，使用了 delay( ) 方法延迟动画的执行。

图 21-8 单击按钮前

图 21-9 单击按钮后

21.2.5 停止动画和动画状态判断

1. 停止动画

在实际应用中，有时需要停止匹配元素正在进行的动画，这时可以使用停止元素的动画方法 stop( )，它的语法格式如下：

```
stop([clearQueue],[gotoEnd])
```

参数说明如下：

clearQueue：可选，表示是否要清空未执行完的动画队列。

gotoEnd：可选，表示是否直接将正在执行的那个动画跳转到末状态。

stop( ) 方法有以下几种应用：

1）stop(false,false)：由于 false 是默认值，因此可简写为 stop( )。该用法表示停止当前动画，并从目前的动画状态开始动画队列中的下一个动画。

2）stop(true,false)：由于 false 是默认值，因此可简写为 stop(true)。该用法表示停止所有动画，保持当前状态，瞬间停止。

3）stop(false,true)：该用法表示停止当前动画，跳转到当前动画的末状态，然后进入队列中的下一个动画。

4）stop(true,true)：该用法表示停止所有动画，跳转到当前动画的末状态。

2. 动画状态判断

在使用 animate( ) 方法自定义时，有时需要根据元素动画状态来判断是否添加新动画，示例代码如下：

```
if(!$(selector).is(":animated")){
    //如果当前没有处于动画状态,则添加新动画
}
```

21.3 任务实施

任务实施过程如下：

1）编写页面结构和内容，代码如下：

```
<div id="slider">
<ul id="show">
<li><img src="images/1.jpg" alt="1" /></li>
<li><img src="images/2.jpg" alt="2" /></li>
<li><img src="images/3.jpg" alt="3" /></li>
</ul>
<ul id="number">
<li>1</li>
<li>2</li>
<li>3</li>
</ul>
</div>
```

2）编写 CSS 代码：

```
*{padding:0px;margin:0px;}
ul{list-style-type:none;}
a{text-decoration:none}
#slider{float:left;width:800px;height:330px;position:relative;overflow:hidden;
    border:1px solid #b99f81;left:50%;margin-left:-400px;top:20px;}
#slider ul#show{width:2400px;height:330px;position:absolute;}
#slider ul#show li{float:left;cursor:pointer;}
#slider img{display:block;width:800px;height:330px}
#number{width:150px;height:25px;position:absolute;bottom:5px;left:50%;margin-left:-75px;}
#number li{float:left;width:20px;height:20px;text-align:center;line-height:20px;
    background:#fff;border:solid 1px #b50000;margin-left:5px;}
#number li.on{color:#fff;line-height:20px;width:20px;height:20px;font-size:14px;
    border:none;background:#b50000;font-weight:bold;cursor:pointer;}
```

3）引入 jQuery 库文件，代码如下：

```
<script src="js/jquery-3.7.0.min.js"></script>
```

4）编写 jQuery 代码实现业务逻辑，代码如下：

```
$(function(){
    //获取 li 标签的数量
    let len=$("#number li").length;
    let index=0;
    let timer;
    //给 li 标签添加指针移入事件,并让第 1 个 li 元素触发 mouseover 事件
    $("#number li").mouseover(function(){
        index=$("#number li").index(this);//获取当前索引
```

```
                //调用 show 函数并传入当前索引 index
                show(index);
        }).eq(0).trigger("mouseover");
        //给 id 为 slider 的元素设置指针移入、移出事件,并执行 mouseleave 事件
        $("#slider").hover(
            function(){//指针移入时清除定时器
                clearTimeout(timer);
            },
            function(){//指针移出时添加定时器,实现每 3 s 切换图片
                timer=setInterval(function(){
                    show(index);
                    index++;
                    //当索引值等于 li 标签的数量时,即图片切换到最后一张时,跳到第一张
                    if(index==len)
                        index=0;
                },3000);
            }).trigger("mouseleave");
    })
    //定义显示图片的函数
    function show(index)
    {
        var wid=$("#slider").width();//获取 id 为 slider 的元素的宽度
        //给 id 为 show 的元素 ul 添加动画
        $("#show").stop(true,false).animate({left:-wid*index},1000);
        //给当前的数字标签添加类样式
        $("#number li").removeClass("on").eq(index).addClass("on");
    }
```

21.4 证赛观测

1. 对接 1+X"Web 前端开发"职业技能等级证书情况

该任务所学知识对接"Web 前端开发"职业技能等级要求(初级)的情况如下:

工作领域:3 轻量级前端框架应用。

工作任务:3.2 jQuery 动态效果开发。

职业技能要求:3.2.2 能使用 jQuery 自定义动画为页面添加动态效果;3.2.3 能使用 jQuery 动画的取消、延迟等控制网页动态效果。

2. 对接技能竞赛情况

同任务 1 的赛项。

21.5 课后练习

1.(单选题)在 jQuery 中,用于自定义动画的方法是(   )。
A. show()   B. slideUp()   C. animate()   D. animation()

2.(单选题)以下 4 个选项中,可用来判断元素是否处于动画状态的是(   )。
A. $(selecoter).isanimate()
B. $(selecoter).isanimation()

C. $(selecoter).is("animate")

D. $(selecoter).is(":animated")

3.（单选题）在 jQuery() 的动画中，delay() 方法的作用是（　　）。

A. 对动画进行延迟操作　　　　　B. 停止动画

C. 添加动画效果　　　　　　　　D. 清除所有动画

4.（单选题）以下动画的执行顺序是（　　）。

$("div").animate({width: '200px', height: '300px'}, 2000)

A. div 的宽度先变为 200 px，2000 ms 后高度变为 300 px

B. div 的高度先变为 300 px，2000 ms 后宽度变为 200 px

C. 宽度和高度在 2000 ms 内同时变化

D. 2000 ms 后，宽度和高度同时变化

5.（单选题）以下动画的执行顺序是（　　）。

$(".box").animate({left: '200px'}, 2000).animate({top: '300px'}, 3000)

A. 先向右移 200 px，然后向下移 300 px

B. 先向左移 200 px，然后向上移 300 px

C. 先向右移 200 px，然后向上移 300 px

D. 先向左移 200 px，然后向下移 300 px

6.（单选题）关于 box2、box3 动画的描述不正确的是（　　）。

$(".box2").animate({left: '200px'}, 2000)
$(".box3").delay(1000).animate({left: '300px'}, 1000)

A. box2、box3 动画同时执行

B. box2 向右移动 100 px 后 box3 才开始移动

C. box2、box3 动画同时停止

D. box3 的移动速度比 box2 的移动速度快

7.（实操题）使用自定义动画及相关知识实现删除通知的效果，具体的业务逻辑为：单击通知右上角的删除图标，将以淡出的效果删除该通知。本题的参考效果如图 21-10 所示。

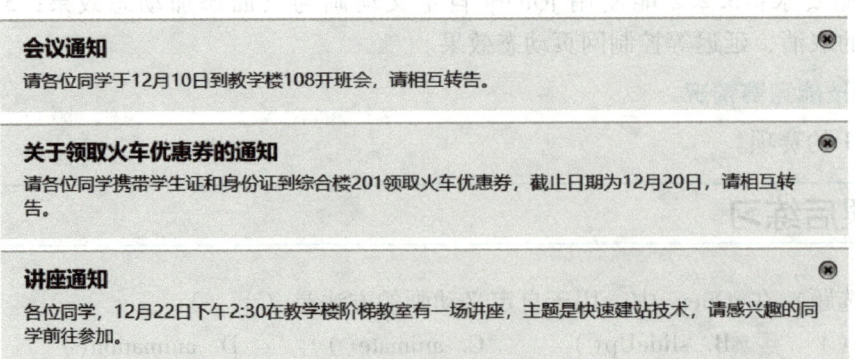

图 21-10　删除通知

任务 22 使用 jQuery 实现购物车功能

【知识目标】
- 掌握 jQuery 属性操作方法的使用；
- 掌握 jQuery 内容操作方法的使用；
- 掌握 jQuery 元素操作方法的使用。

【技能目标】
- 能够根据需求使用合适的方法操作属性；
- 能够根据需求使用合适的方法操作内容；
- 能够根据需求使用合适的方法操作元素。

【素质目标】
- 培养学生的团队协作精神；
- 深化学生的社会主义核心价值观；
- 培养学生严谨的工程素养。

码 22-0 品故事 悟道理：玻璃大王曹德旺

【知识导图】

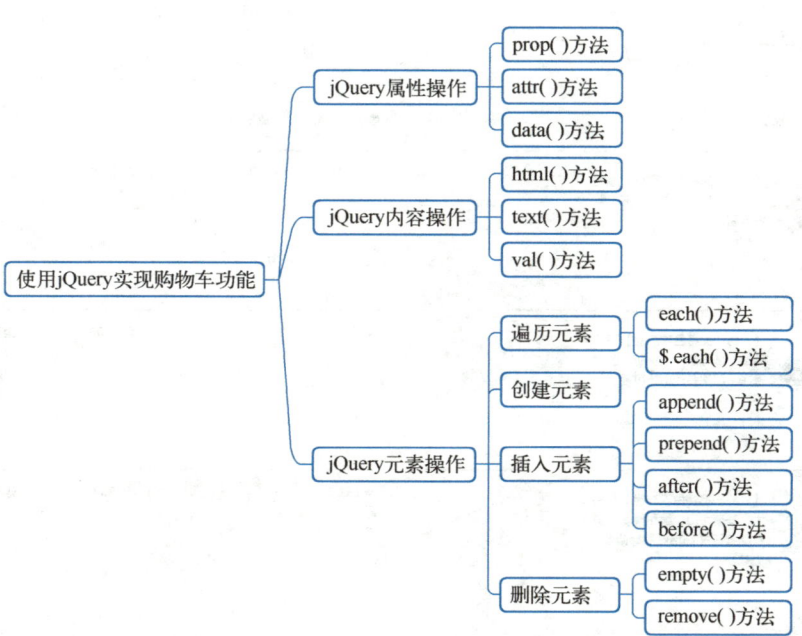

22.1 任务描述与分析

在具有购物功能的网站中，购物车是一个非常重要的功能。本任务是根据所提供的素材，使用 jQuery 编写 JavaScript 脚本实现购物车的功能，具体的功能描述如下：

码 22-1 任务效果演示

1）购物车商品全选与取消全选功能，具有以下几种情况：

① 当选中全选复选框时，购物车的商品均会被选中，当取消全选复选框时，购物车的商品均会被取消；

② 逐个选中购物车的商品，当全部商品被选中时，全选复选框将会被选中；

③ 在全选的状态下，只要取消购物车中一个或多个商品的选中状态，全选复选框的选中状态也会被取消。

2）商品数量操作及计算商品小计。在商品数量操作区域单击"+"按钮，商品数量加 1，单击"-"按钮，商品数量减 1，也可以直接在文本域修改商品数量。当商品的数量发生变化时，商品的小计将会实时发生变化。

3）计算选中商品总件数和总价。

4）删除购物车商品。

5）为选中的商品添加背景颜色。

根据上面描述可知，要实现购物车功能，需要使用 jQuery 的属性操作、内容操作、元素操作等知识，其中属性操作可用于实现购物车商品全选与取消全选功能，内容操作可用于实现购物车商品增减以及小计功能，元素操作可用于实现计算选中商品的总件数、总价并删除商品的功能。

本任务的效果如图 22-1 和图 22-2 所示。

图 22-1 购物车界面

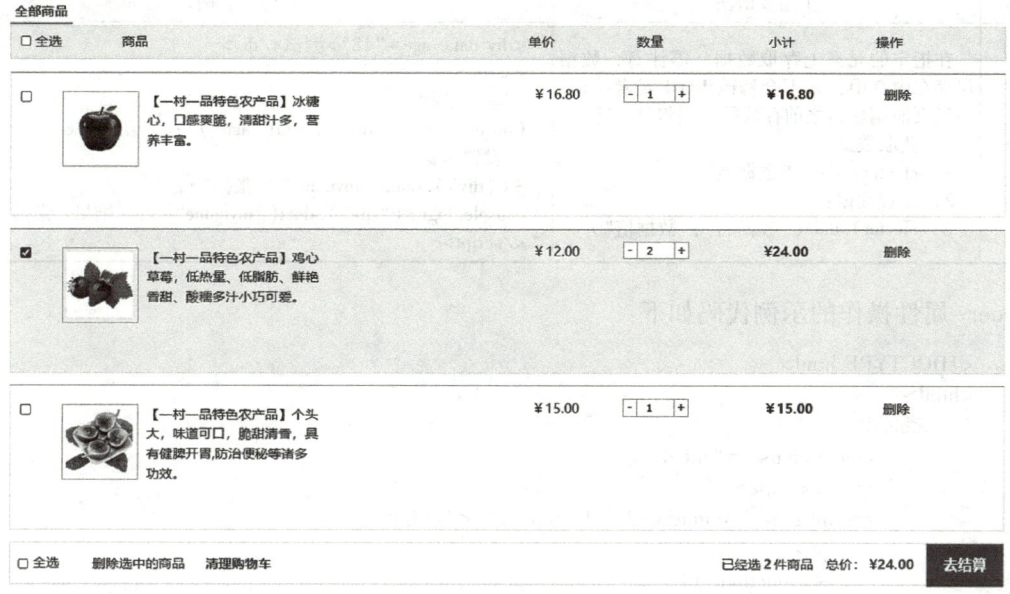

图 22-2　购物车商品结算

22.2　知识学堂

在 Web 项目开发中，经常需要对元素进行一系列的操作，如属性操作、内容操作、元素操作等，jQuery 提供了相应的操作方法，以下介绍这些方法的应用。

22.2.1　jQuery 属性操作

jQuery 的属性操作主要是通过 prop( )、attr( ) 和 data( ) 方法实现的，具体如表 22-1 所示。

码 22-2　jQuery 属性操作

表 22-1　jQuery 属性操作方法

方法	作用及语法	举例

prop( )	获取或设置固有属性的值
	1）获取属性值：
	$(selector).prop("属性名")
	2）设置属性值：
	$(selector).prop("属性名","属性值")
		\<a href="http://www.baidu.com"\>百度\</a\>
		\<script\>
		//输出属性 href 的值
		console.log($("a").prop("href"));
		//设置 title 属性的值为 "百度首页"
		$("a").prop("title","百度首页");
		\</script\>

attr( )	获取或设置元素的自定义属性值
	1）获取属性值：
	$(selector).attr("属性名")
	2）设置属性值：
	$(selector).attr("属性名","属性值")
		\<p index="1" data-index="2"\>测试\</p\>
		\<script\>
		//输出属性 index 的值
		console.log($("p").attr("index"));//结果：1
		console.log($("p").attr("data-index"));//结果：2
		//设置 index 的属性值为 11
		$("p").attr("index","11")
		//设置 index 的属性值为 22
		$("p").attr("data-index","22")
		\</script\>

（续）

方法	作用及语法	举　　例

data( )	在指定的元素上存取数据。需注意，数据保存在内存中，并不会修改 DOM 元素结构，一旦页面刷新，之前存放的数据将被移除
	1）获取数据：
	$(selector).data("数据名")
	2）设置数据：
	$(selector).data("数据名","数据值")
		`<div data-age="18">测试</div>`
		`<script>`
		//输出数据
		Console.log($("div").data("age"));//结果：18
		//设置数据
		$("div").data("myname","张扬");
		console.log($("div").data("myname"));//结果：张扬
		`</script>`

jQuery 属性操作的示例代码如下：

```html
<!DOCTYPE html>
<html>
    <head>
        <meta charset="utf-8">
        <title></title>
        <script src="js/jquery-3.7.0.min.js"></script>
        <script>
            $(function(){
                $("#all").on("change",function(){
                    $(".option").prop("checked",$("#all").prop("checked"));
                });
            });
        </script>
    </head>
    <body>
        <h3>1. 社会主义核心价值观包括哪些？</h3>
        <p><input type="checkbox" id="all">全选</p>
        <p><input type="checkbox" class="option">A. 富强、民主、文明、和谐</p>
        <p><input type="checkbox" class="option">B. 自由、平等、公正、法治</p>
        <p><input type="checkbox" class="option">C. 爱国、敬业、诚信、友善</p>
    </body>
</html>
```

运行上述代码，勾选"全选"复选框，此时选项 A、B、C 将会被选中，如图 22-3 所示。如果取消"全选"复选框选中状态，则选项 A、B、C 的状态将会变成非选中状态。

图 22-3　全选效果

22.2.2　jQuery 内容操作

jQuery 的内容操作主要是通过 html( )、text( ) 和 val( ) 方法实现的，具体如表 22-2 所示。

码 22-3　jQuery 内容操作

表 22-2 jQuery 内容操作方法

方法	作用及语法	举 例

html()	获取或设置元素的 HTML 内容
	1）获取元素的 HTML 内容：
	$(selector).html()
	2）设置属性值：
	$(selector).html("HTML 内容")
		`<div><span>hello world!</span></div>`
		`<script>`
		//获取 div 元素的 HTML 内容
		console.log($("div").html());
		//设置 div 元素的 HTML 内容（原来的内容会被覆盖）
		$("div").html("`<span style='color:red'>OK</span>`");
		`</script>`

text()	获取或设置元素的文本内容
	1）获取元素的文本内容：
	$(selector).text()
	2）设置元素的文本内容：
	$(selector).text("文本内容")
		`<p>`工匠精神`</p>`
		`<h3></h3>`
		`<script>`
		//获取 p 标签的文本内容
		console.log($("p").text());//结果：工匠精神
		//设置 h3 元素的文本内容
		$("h3").text("团队精神")
		`</script>`

val()	获取或设置表单元素 value 值
	1）获取表单元素 value 值：
	$(selector).val()
	2）设置表单元素 value 值：
	$(selector).val("value 值")
		`<input type="text" name="user" value="test">`
		`<script>`
		//获取文本域的 value 值
		console.log($("input").val());//结果：test
		//设置文本域的 value 值
		$("input").val("dreamy")
		`</script>`

jQuery 内容操作的示例代码如下：

```html
<!DOCTYPE html>
<html>
    <head>
        <meta charset="utf-8">
        <title></title>
        <script src="js/jquery-3.7.0.min.js"></script>
        <script>
            $(function(){
                $("#btn").on("click",function(){
                    let score=$("#score").val();        //获取成绩
                    if(score==""){                      //非空判断
                        $('#tip').html("<span style='color:red'>请输入成绩！</span>");
                    }else{
                        $('#tip').html("");
                        //根据成绩判定等级
                        if(score>=90){
                            $("#result").text("优秀");
                        }else if(score>=80){
                            $("#result").text("良好");
                        }else if(score>=60){
                            $("#result").text("及格");
                        }else{
                            $("#result").text("不及格");
                        }
                    }
                });
            });
```

```html
        </script>
    </head>
    <body>
        <h3>成绩等级评定</h3>
        <hr>
        <p>
            请输入成绩：<input type="text" id="score">
            <span id="tip"></span>
        </p>
        <p><input type="button" value="提交" id="btn"></p>
        <p>评测结果：<span id="result"></span></p>
    </body>
</html>
```

运行上述代码，在没有输入成绩的情况下单击"提交"按钮，此时在文本框的右侧会输出提示信息，如图22-4所示，输入成绩后单击"提交"按钮，此时会输出评测结果，如图22-5所示。

图22-4 没有输入成绩时单击"提交"按钮　　　　图22-5 输入成绩时单击"提交"按钮

22.2.3　jQuery 元素操作

1. 遍历元素

在实际的应用中，可以使用 each( ) 方法和 $.each( ) 方法来遍历 DOM 元素或数据。

码22-4　jQuery 元素操作

（1）each( ) 方法

该方法通常用于遍历元素信息（可以理解为 DOM 对象），其基本语法如下：

```
$(selector).each(function(index,element){
    //对每个元素进行操作
});
```

参数说明如下：

index：每个元素的索引号。

element：每个 DOM 元素对象。

each( ) 方法的示例代码如下：

```
<!DOCTYPE html>
<html>
    <head>
        <meta charset="utf-8">
        <title></title>
```

```
<script src="js/jquery-3.7.0.min.js"></script>
<script>
    $(function(){
        $(".flower").each(function(index,element){
            console.log($(element).text)
        })
    });
</script>
</head>
<body>
    <div>
        <div class="flower">菊花</div>
        <div class="flower">梅花</div>
        <div class="flower">木棉花</div>
        <div class="flower">牡丹花</div>
    </div>
</body>
</html>
```

运行上述代码，在控制台输出的结果如图 22-6 所示。

（2）$.each()方法

$.each()是一个通用的遍历方法，通常用于遍历数据源（对象和数组），该方法的语法格式如下：

```
$.each(object,function(index,value){
    //对每个元素进行操作
});
```

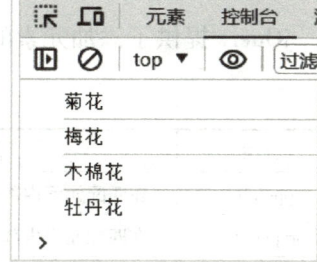

图 22-6　控制台输出结果

参数说明如下：

object：需要遍历的对象或数组。

index：对象的成员（即属性名称）或数据的索引。

value：值或内容。

$.each()方法的示例代码如下：

```
<!DOCTYPE html>
<html>
    <head>
        <meta charset="utf-8">
        <title></title>
        <script src="js/jquery-3.7.0.min.js"></script>
        <script>
            $(function(){
                //创建数组 colors
                let colors=['red','green','blue','orange','purple'];
                //遍历数组 colors
                $.each(colors,function(index,value){
                    document.write(index+':'+value+'<br />');
                });
            });
        </script>
    </head>
    <body>
```

```
        </body>
    </html>
```

运行上述代码,在页面上输出的效果如图 22-7 所示。

2. 创建元素

在 jQuery 中,创建元素的操作非常方便,只需在 "$( )" 函数中输入 HTML 字符串即可,示例代码如下:

图 22-7 遍历数组

```
<script src="js/jquery-3.7.0.min.js"></script>
<script>
    $(function(){
        let p=$("<p>这是一个新创建的段落</p>");   //创建元素
        $("body").append(p);                    //把该元素添加到 body 中
    });
</script>
```

运行上述代码,此时会在页面上输出段落的内容。

3. 插入元素

jQuery 提供了添加元素的方法,用于为目标元素添加元素,具体的方法如表 22-3 所示。

表 22-3 添加元素的方法

方法	作用	举例
append()	在匹配元素内部的末尾位置插入内容	$("ol").append("<li>插入项</li>");
prepend()	在匹配元素内部的开头位置插入内容	$("p").prepend("<b>Prepended text</b>");
after()	在匹配元素后插入内容	$("p").after("<p>Hello world!</p>");
before()	在匹配元素前插入内容	$("p").before("<p>Hello jQuery!</p>");

4. 删除元素

jQuery 提供了删除元素的方法,具体的方法如表 22-4 所示。

表 22-4 删除元素的方法

方法	作用	举例
empty()	删除元素的内容,但不删除元素本身	$("p").empty();//删除 p 元素里面的内容
remove()	删除元素内容,并删除元素本身	$("ul").remove();//删除 ul 元素,包括 ul 里面的所有内容

22.3 任务实施

购物车功能实现步骤如下:

1. 引入 jQuery 库文件

```
<script src="js/jquery-3.7.0.min.js"></script>
```

2. 编写 JavaScript 实现购物车功能

1)实现全选与取消全选功能,代码如下:

```javascript
//给全选复选框添加 change 事件
$(".checkall").change(function () {
    $(".j-checkbox,.checkall").prop("checked",$(this).prop("checked"));
});
//给每个商品的复选框添加 change 事件
$(".j-checkbox").change(function () {
    //根据选中的复选框数量来设置全选复选框的状态
    if ($(".j-checkbox:checked").length === $(".j-checkbox").length) {
        $(".checkall").prop("checked", true);
    } else {
        $(".checkall").prop("checked", false);
    }
});
```

2) 对商品数量进行操作以及计算商品小计，代码如下：

```javascript
//增加商品数量
$(".increment").click(function () {
    //取当前兄弟文本框的值
    let n = $(this).siblings(".itxt").val();
    n++;                                        //商品数量加 1
    $(this).siblings(".itxt").val(n);           //把商品数量写入文本域
    //商品小计
    let price = ($(this).parents(".p-num").siblings(".p-price").html()).substr(1);
    let subtotal = (price * n).toFixed(2);      //计算小计并保留 2 位小数
    $(this).parents(".p-num").siblings(".p-sum").html("¥" + subtotal);//输出最新商品小计
});
//减少商品数量
$(".decrement").click(function () {
    //得到当前兄弟文本框的值
    let n = $(this).siblings(".itxt").val();
    if (n >1) {
        n--;                                    //商品数量减 1
    }
    $(this).siblings(".itxt").val(n);           //把商品数量写入文本框
    //商品小计
    let price = ($(this).parents(".p-num").siblings(".p-price").html()).substr(1);
    let subtotal = (price * n).toFixed(2);      //计算小计并保留 2 位小数
    $(this).parents(".p-num").siblings(".p-sum").html("¥" + subtotal);//输出最新商品小计
});
//直接更改商品数量
$(".itxt").change(function () {
    //先得到文本框里面的值，然后乘以当前商品的单价
    let n = Math.ceil($(this).val());
    if(n==0){
        n=1;                //当输入的商品数量等于 0 时，设置 n 的值为 1
    }
    if(n<0){                //当输出的商品数量小于 0 时，取整并转换为绝对值
        n=Math.abs(Math.ceil($(this).val()));
    }
    //商品小计
    $(this).val(n);
    let price = ($(this).parents(".p-num").siblings(".p-price").html()).substr(1);
    let subtotal = (price * n).toFixed(2);      //计算小计并保留 2 位小数
```

```
        $(this).parents(".p-num").siblings(".p-sum").html("￥"+subtotal);//输出最新商品小计
    });
```

3）计算选中商品总件数和总价。

因为商品总件数和总价均与商品数量有关，所以，把计算选中商品总件数和总价封装成函数以方便调用，代码如下：

```
const getSum = () => {
    //计算总件数
    var count = 0;
    var item = $(".j-checkbox:checked").parents(".cart-item");
    item.find(".itxt").each(function(i, ele) {
        count += parseInt($(ele).val());
    });
    $(".amount-sum em").text(count);
    //计算总额
    var money = 0;
    item.find(".p-sum").each(function(i, ele) {
        money += parseFloat($(ele).text().substr(1));
    });
    $(".price-sum em").text("￥" + money.toFixed(2));
}
```

4）删除购物车商品，代码如下：

```
//删除单个商品（即商品右侧"删除"链接）
$(".p-action a").click(function() {
    $(this).parents(".cart-item").remove();
});
//批量删除（即购物车底部"删除选中的商品"链接）
$(".remove-batch").click(function() {
    $(".j-checkbox:checked").parents(".cart-item").remove();
});
//清空购物车（即购物车底部"清空购物车"链接）
$(".clear-all").click(function() {
    $(".cart-item").remove();
})
```

5）为选中的商品添加背景颜色。

当选中要结算的商品后，该商品所在的行的背景颜色将会发生变化，这样方便用户查看，以下为实现该功能的代码，把这些代码写在全选复选框和商品复选框的 change 事件中。

```
if ($(this).prop("checked")) {
    $(this).parents(".cart-item").addClass("check-cart-item");
} else {
    $(this).parents(".cart-item").removeClass("check-cart-item");
}
```

6）因为增加商品数量、直接修改商品数量、减小商品数量、选择结算商品、全选与取消全选、删除商品等操作，都会直接影响商品的总件数和总价，所以在增加商品数量、直接修改商品数量、减小商品数量、选择结算商品、全选与取消全选、删除商品中可以直接调用前面封装的"计算选中商品总件数和总价"函数，具体的调用代码如下：

```
getSum();    //调用函数 getSum()重新计算选中商品总件数和总价
```

22.4 证赛观测

1. 对接 1+X "Web 前端开发"职业技能等级证书情况

该任务所学知识对接"Web 前端开发"职业技能等级要求（初级）的情况如下：

工作领域：3 轻量级前端框架应用。

工作任务：3.1 jQuery 基础编程。

职业技能要求：3.1.2 能使用 jQuery 操作网页元素；3.1.3 能使用 jQuery 修改网页元素样式；3.1.4 能使用 jQuery 事件响应用户的交互操作。

2. 对接技能竞赛情况

同任务 1 的赛项。

22.5 课后练习

1.（单选题）在 jQuery 中，不能够获取元素属性的方法是（　　）。
  A. html( )　　　　B. prop( )　　　　C. attr( )　　　　D. data( )

2.（单选题）关于 jQuery 的 arrt( )方法描述正确的是（　　）。
  A. 可用来获取元素固有属性的值　　　　B. 可用来获取元素自定义属性的值
  C. 可用来获取元素的内容　　　　　　　D. 可用来获取元素的样式

3.（单选题）jQuery 中关于 prop( )方法，下列描述正确的是（　　）。
  A. 可以用来获取元素的宽度　　　　　　B. 可以用来获取元素的高度
  C. 可以用来获取元素固有属性的属性值　D. 可以用来向元素中插入内容

4.（单选题）下列关于 jQuery 中方法的说法，错误的是（　　）。
  A. text( )方法可用于获取元素的文本内容
  B. html( )方法可用于获取元素的 HTML 内容
  C. val( )方法可用于获取表单元素的值
  D. on( )方法可用于删除已绑定的事件

5.（单选题）以下 4 个选项中，可用于遍历数组和对象的方法是（　　）。
  A. $.each( )　　　B. show( )　　　C. off( )　　　D. on( )

6.（单选题）以下代码的输出结果是（　　）。

```
<ul><li>1</li><li>2</li><li>3</li></ul>
$("li").each(()=>{
    document.write($(this).text()+" ");
})
```

  A. 1 2　　　　B. 12　　　　C. 123　　　　D. 1 2 3

7.（单选题）关于 jQuery 的 empty( )方法和 remove( )方法，说法正确的是（　　）。
  A. empty( )方法用于清空元素的内容，并删除元素本身
  B. remove( )方法用于清空元素的内容，但不删除元素本身
  C. remove( )方法用于删除匹配的元素本身，empty( )方法用于删除匹配的元素里面的子节点
  D. 以上说法均不对

8.（操作题）设计制作一个登录页面，并使用 jQuery 对用户名和密码进行非空判断，具体的业务逻辑为：当用户名或密码为空时，单击"登录"按钮，此时将会在文本框的下方输出提示信息；当用户名文本框失去焦点时，如果用户名为空，则在其下方输出提示信息；当密码框失去焦点时，如果密码为空，则在其下方输出提示信息；如果用户名和密码都不为空，则提交表单，表单的处理地址为 http://www.baidu.com。本题的参考效果如图 22-8 和图 22-9 所示。

图 22-8　用户登录界面

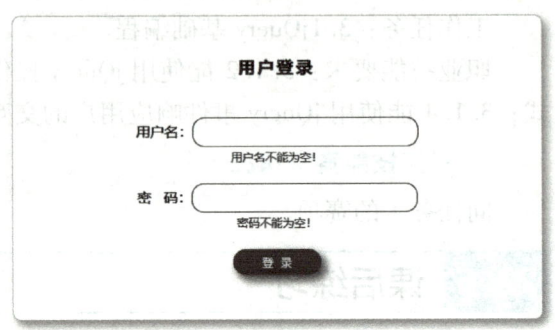

图 22-9　非空判断

任务 23　使用 jQuery 制作评论页面

码 23-0　品故事 悟道理：雷军的创业故事

【知识目标】

- 掌握 jQuery 的尺寸操作；
- 掌握 jQuery 的位置操作；
- 掌握 jQuery 的事件操作，包括事件绑定与解绑、委派和触发；
- 了解事件常用属性和方法的使用。

【技能目标】

- 能够根据需求获取和设置元素的尺寸；
- 能够根据需求选择合适的方法绑定、解绑、委派和触发事件；
- 能够使用事件常用的属性获取事件信息；
- 能够根据需求阻止事件的默认行为和冒泡。

【素质目标】

- 培养学生的团队协作精神；
- 培养学生分析问题、解决问题的能力；
- 培养学生自主探究的能力。

【知识导图】

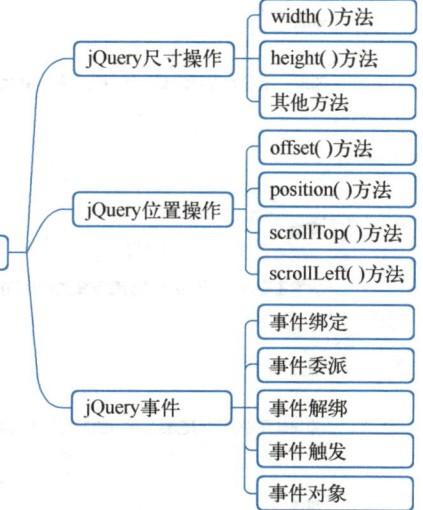

23.1　任务描述与分析

评论功能是一个网站常用的功能。本任务是根据所提供的素材，使用 jQuery 编写 JavaScript 脚本模拟评论的功能，具体的功能描述如下：

码 23-1　任务效果演示

1) 当昵称、评论内容为空时，弹出窗口输出相应的提示信息。
2) 当输入评论内容时，实时显示还可输入的字符数。
3) 最新发布的评论内容会显示在评论列表最前面。
4) 单击评论右侧的"删除"链接时，采用上滑的动画效果删除当前评论。
5) 向下滚动页面，当"提交评论"按钮靠近窗口顶部时，页面的右下角会出现"返回顶部"按钮,单击该按钮,将会向上滑动至页头。

根据上面描述可知,要实现以上功能,需要使用到 jQuery 的尺寸操作、位置操作、事件等知识。本任务的效果如图 23-1 和图 23-2 所示。

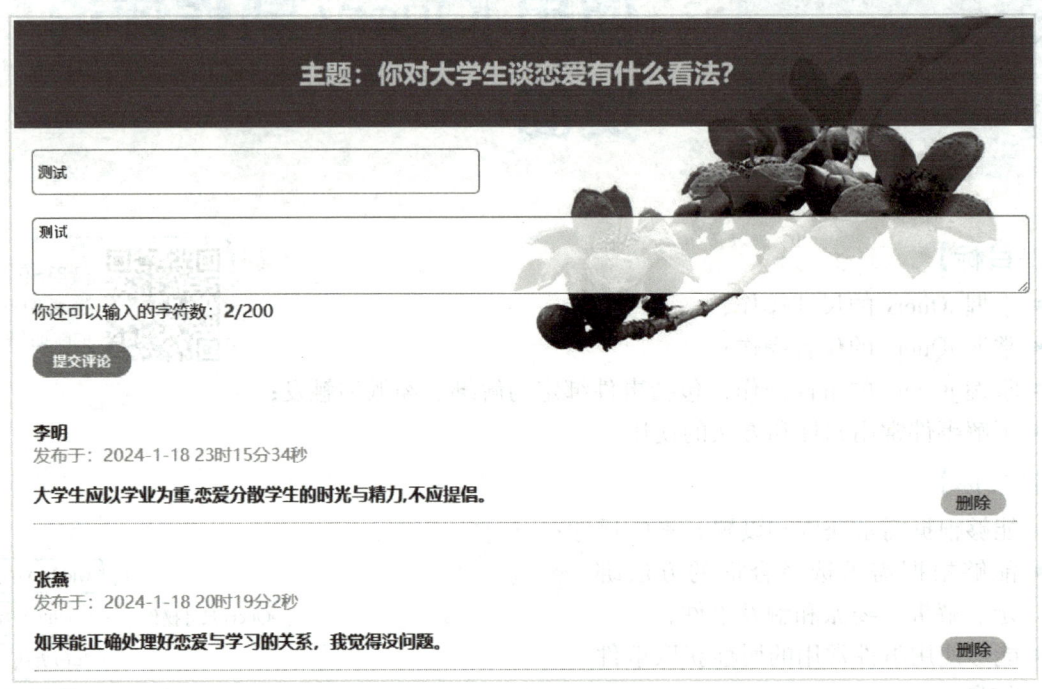

图 23-1　评论页面效果

图 23-2　返回顶部

23.2 知识学堂

在 Web 项目开发中，有时需要对元素的尺寸和位置进行操作，jQuery 提供了相应的操作方法，以下介绍这些方法的应用。

23.2.1 jQuery 尺寸操作

码 23-2 jQuery 尺寸操作

jQuery 尺寸操作方法如表 23-1 所示。

表 23-1 jQuery 尺寸操作方法

方　　法	作　　用
width()	获取或设置元素宽度
height()	获取或设置元素高度
outerWidth()	获取元素宽度（包含 border、padding）
outerWidth(true)	获取元素宽度（包含 margin、border、padding）
outerHeight()	获取元素高度（包含 border、padding）
outerHeight(true)	获取元素高度（包含 margin、border、padding）
innerWidth()	获取元素的宽度（包含 padding，不包含 border）
innerHeight()	获取元素的高度（包含 padding，不包含 border）

23.2.2 jQuery 位置操作

码 23-3 jQuery 位置操作

jQuery 位置操作方法如表 23-2 所示。

表 23-2 jQuery 位置操作方法

方法	作　用	举　例

offset()	获取或设置元素的位置，返回的是一个对象，该对象包含 left 和 top 属性，这两个属性表示相对于文档的偏移坐标，和父级元素没有关系	//div 元素距离文档顶部的距离
		$("div").offset().top
		//div 元素距离文档左侧的距离
		$("div").offset().left
		//设置 p 元素向右偏移 100 px、向下偏移 200 px
		$("div").offset({left:100,top:200})

position()	获取当前元素距离定位基准（最近的非 static 定位的祖先元素）的偏移	//获取 id 为 icon 的元素的上边框距离定位基准的上边框的距离
		$("#icon").position().top;
		//获取 id 为 icon 的元素的左边框距离定位基准的左边框的距离
		$("#icon").position().left;

scrollTop()	设置或返回被选元素的垂直滚动条位置	$("div").scrollTop()
scrollLeft()	设置或返回被选元素的水平滚动条位置	$("div").scrollLeft()

23.2.3 jQuery 事件

1．事件绑定

码 23-4 jQuery 事件绑定

在 jQuery 中，可以通过事件方法和 on() 方法进行事件绑定，以下介绍这两种方法的使用。

(1) 通过事件方法绑定事件

该种方法的使用非常简单，在匹配的元素上直接使用事件方法即可，语法格式如下：

$(selector).方法名(方法参数)

jQuery 常用的事件方法如表 23-3 所示。

表 23-3   jQuery 常用的事件方法

分类	方法	说明
鼠标事件	click( )	单击元素时触发
	dblclick( )	双击元素时触发
	mousemove( )	鼠标指针移入时触发
	mouseout( )	鼠标指针移出时触发
键盘事件	keyup( )	键盘按键弹起时触发
	keypress( )	键盘按键按下并产生一个字符时触发（〈Shift〉、〈Fn〉、〈CapsLock〉等非字符键除外）
	keydown( )	键盘按键按下时触发
表单事件	blur( )	失去焦点时触发
	focus( )	获得焦点时触发
	change( )	元素的值发生变化时触发
	input( )	表单输入框内容变化时触发
	submit( )	提交表单时触发
	select( )	当文本框（input 或 textarea）的内容被选中时触发
浏览器事件	scroll( )	当滚动条发生变化时触发
	resize( )	当浏览器窗口大小发生变化时触发

(2) 通过 on( ) 方法绑定事件

on( ) 方法用于在匹配的元素上绑定一个或多个事件处理函数，该方法的语法格式如下：

$(select).on(events,[selector],[data],fn)

参数说明如下：

events：必选，表示事件类型，如果有多个事件类型时，则用空格隔开。
selector：可选，表示触发事件的选择器元素的后代。
data：可选，表示事件触发时把 event.data 传递给事件处理函数。
fn：必选，事件被触发时执行的函数。

2. 事件委派

事件委派就是利用冒泡的原理，把给子元素绑定的事件绑定到父元素上，这就表示把子元素的事件委派给父元素。利用事件委派可以减少事件绑定的次数，提高性能，还可以让新加入的子元素也拥有相同的操作。

事件委派是通过 on( ) 方法来实现的，因前面已有介绍，此处不再做介绍。

3. 事件解绑

在 jQuery 中，可以使用 off( ) 方法来移除通过 on( ) 方法添加的事件处理程序，具体语法如下：

```
$(selector).off(event,function)
```

参数说明如下：

selector：必选，用于选择要移除事件处理程序的元素。

event：可选，用于指定要移除的事件类型。

function：可选，用于指定要移除的事件处理程序。

4. 事件触发

在 jQuery 中，可以使用以下 3 种方式触发事件。

1）使用事件方法直接触发事件，示例代码如下：

```
$("#btn").click(function(){
    alert("Hello!");
});
```

2）使用 trigger() 方法触发事件，示例代码如下：

```
<input type="text" id="user">
<script>
    $("#user").focus(function(){
        alert("事件触发了");
    });
    $("#user").trigger("focus");
</script>
```

3）使用 triggerHandler() 方法触发事件。

triggerHandler() 方法与 trigger() 方法都会触发事件，不同之处在于 triggerHandler() 方法在触发事件时不会执行元素的默认行为，示例代码如下：

```
<input type="text" id="user">
<script>
    $("#user").focus(function(){
        $(this).val("test");
    });
    $("#user").triggerHandler("focus");
</script>
```

运行上述代码，文本域里输出了字符"test"，但光标并没有在文本域中闪烁。

5. 事件对象

jQuery 对 DOM 中的事件对象 event 进行了封装，这使得 jQuery 的兼容性更好，获取更方便，使用变化不大。事件被触发后，就会有事件对象的产生。事件对象的语法格式如下：

```
$(selector).on(events,[selector],function(event){
    //业务逻辑，如阻止事件的冒泡、默认行为等
    //event.stopPropagation()阻止事件的冒泡
    //event.preventDefault()阻止默认行为
})
```

在上述代码中，event 就是事件对象，其存储了事件的相关信息。event 事件对象常用的属性和方法如表 23-4 所示。

表 23-4　event 对象常用的属性和方法

属性和方法	说明
type	获取事件类型
target	获取绑定事件的 DOM 元素
data	获取事件时传入的额外参数
relatedTarget	对于鼠标事件，表示触发事件时离开或者进入的 DOM 元素
currentTarget	冒泡前的当前触发事件的 DOM 对象，等同于 this
pageX/Y	用于获取鼠标事件相对于页面原点的水平/垂直坐标
result	上一个事件处置函数返回的值
timeStamp	事件发生时的时间
preventDefault()	用于阻止元素的默认行为
stopPropagation()	用于阻止事件冒泡

23.3　任务实施

评论功能实现步骤如下。

1）引入 jQuery 库文件，代码如下：

```html
<script src="js/jquery-3.7.0.min.js"></script>
```

2）编写 JavaScript 实现相关功能。

① 使用 on() 方法给"发布评论"按钮绑定单击事件，代码如下：

```javascript
$("#btn").on("click",function(){
    let nickname = $("#nickname").val();        //获取昵称
    let comment = $("#comment").val();          //获取评论内容
    //非空判断
    if(nickname==""){
        alert('昵称不能为空！');
    }else if(comment==""){
        alert('评论内容不能为空！');
    }else{
        //获取当前时间
        let data = new Date();
        let pubtime=data.getFullYear()+"-"+(data.getMonth()+1)+"-"+data.getDate()+" "+data.getHours()+"时"+data.getMinutes()+"分"+data.getSeconds()+"秒";
        //创建元素 li
        let li = $("<li><span><b>"+nickname+"</b></span><br><span class='pubtime'>发布于："+pubtime+"</span><p class='content'>"+comment+"</p><a href='javascript:;' class='del'>删除</a></li>");
        $(".comment-list").prepend(li);         //把创建的元素 li 插入到评论列表的开头
        $("#nickname").val("");                 //清空文本域的昵称
        $("#comment").val("");                  //清空文本区域的评论内容
        $(".strcount b").html(0);               //把可输入字符数设置为 0
```

```
            del();                      //调用 del()函数重新绑定事件
        }
    });
```

② 统计可输入的字符数，代码如下：

```
$("#comment").on("input",()=>{
    //获取评论内容字符长度
    let strLength = $("#comment").val().length;
    $(".strcount b").html(strLength);
});
```

③ 删除评论，代码如下：

```
const del=()=>{
    $(".comment-list li").each((index,ele)=>{
        $(ele).on("click","a",(event)=>{      //使用事件委派给a标签以绑定单击事件
            $(ele).slideUp(()=>{
                $(this).remove();
            });
        })
    })
}
del();                                    //调用删除评论函数
```

④ 返回顶部，代码如下：

```
//"发表评论"按钮距离页面顶部的距离
let buttonTop = $("#btn").offset().top;
//控制"返回顶部"按钮的显示与隐藏
$(window).scroll(function(){
    if($(document).scrollTop()>=buttonTop){
        $(".back").fadeIn();
    }else{
        $(".back").fadeOut();
    }
});
//给"返回顶部"按钮绑定单击事件
$(".back").on("click",function(){
    $("body,html").animate({scrollTop:0});
});
```

23.4 证赛观测

1. 对接 1+X "Web 前端开发" 职业技能等级证书情况

该任务所学知识对接"Web 前端开发"职业技能等级要求（初级）的情况如下：

工作领域：3 轻量级前端框架应用。

工作任务：3.1jQuery 基础编程。

职业技能要求：3.1.2 能使用 jQuery 操作网页元素；3.1.4 能使用 jQuery 事件响应用户的交互操作。

2. 对接技能竞赛情况（同任务 1 的赛项。）

23.5 课后练习

1. （单选题）在 jQuery 中，$("#box").width("150px")的作用是（　　）。
   A. 获取元素的宽度
   B. 获取类名为 box 的元素的宽度
   C. 设置类名为 box 的元素的宽度为 150 px
   D. 设置 ID 为 box 的元素的宽度为 150 px

2. （单选题）关于 jQuery 的 innerHeight( ) 方法描述正确的是（　　）。
   A. 可用来获取或设置元素的高度
   B. 可用来获取元素的高度（包含 padding）
   C. 可用来设置元素的高度
   D. 可用来获取元素的高度（不包含 padding）

3. （单选题）jQuery 中关于 offset( ) 方法，下列描述不正确的是（　　）。
   A. 可以用来获取元素的位置
   B. 该方法返回的是一个对象
   C. 该方法返回的对象包含 right 和 bottom 属性
   D. 该方法返回的对象包含 left 和 top 属性

4. （单选题）下列方法中，可用来获取元素位置的是（　　）。
   A. text( )　　B. position( )　　C. scroll( )　　D. offset( )

5. （单选题）关于 on( ) 方法描述错误的是（　　）。
   A. 该方法只能绑定一个事件处理函数
   B. 该方法可以绑定一个或多个事件处理函数
   C. 该方法可以为不同事件绑定同一个事件处理函数
   D. 该方法支持普通事件绑定和事件委派

6. （单选题）关于事件委派的说法正确的是（　　）。
   A. 事件委派就是将事件注册给子元素
   B. 通过事件委派注册的事件不能被移除
   C. 事件委派不支持动态添加的子元素
   D. 事件委派的实现离不开事件冒泡

7. （单选题）关于 jQuery 的 trigger( ) 方法描述正确的是（　　）。
   A. 该方法不能触发指定的事件
   B. 该方法在触发事件时，会执行元素的默认行为
   C. 该方法在触发事件时，不会执行元素的默认行为
   D. trigger( ) 方法和 triggerHandler( ) 方法完全一样

8. （单选题）可用来阻止事件冒泡的方法是（　　）。
   A. stopPropagation( )　　B. preventDefault( )
   C. stop　　D. off( )

9. （操作题）根据所提供的素材，利用 jQuery 实现具有二级菜单的导航条，导航内容：首页、关于我们（公司简介、公司环境、公司理念）、新闻中心（公司新闻、行业新闻）、产品展示（产品分类 1、产品分类 2）和商家加盟（加盟条件、加盟类别、申请加盟），如图 23-3 所示。

图 23-3　横向导航条

任务 24 使用 jQuery UI 制作风云人物列表

【知识目标】
- 了解 jQuery UI 的定义及构成；
- 了解 jQuery UI 的特性；
- 学会下载 jQuery UI 框架；
- 掌握 jQuery UI 的使用；
- 了解 jQuery UI 的工作原理。

码 24-0 品故事 悟道理：马化腾的创业故事

【技能目标】
- 能够使用 jQuery UI 小部件制作常用的用户界面元素；
- 能够根据需求使用 jQuery UI 实现动画和过渡效果；
- 能够根据需求使用 jQuery UI 实现交互效果。

【素质目标】
- 培养学生自主探究的能力；
- 培养学生分析问题、解决问题的能力。

【知识导图】

24.1 任务描述与分析

本任务是根据所提供的素材，使用 jQuery UI 实现具有折叠效果的风云人物列表。

根据上面描述可知，要实现折叠效果，需要掌握的知识有：jQuery UI 的定义及构成，jQuery UI 的特性，jQuery UI 的下载，jQuery UI 的使用方法，jQuery UI 折叠面板小部件的应用等。

本任务的效果如图 24-1 所示。

码 24-1 任务效果演示

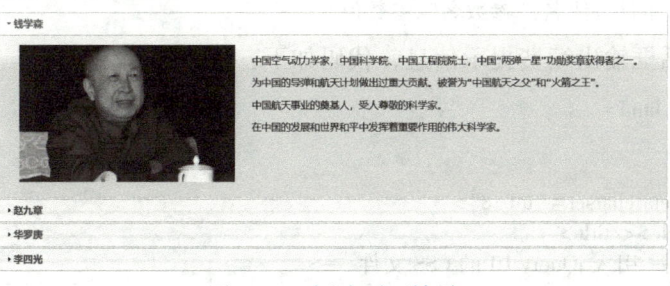

图 24-1 评论页面效果

24.2 知识学堂

24.2.1 jQuery UI 简介

jQuery UI 的定义及构成参见二维码 24-2。

码 24-2 jQuery UI 简介

24.2.2 下载 jQuery UI

下载 jQuery UI 的方法参见二维码 24-3。

24.2.3 jQuery UI 应用

jQuery UI 下载完成后是一个压缩包，把该压缩包解压出来后，看到如图 24-2 所示的目录和文件。

码 24-3 jQuery UI 应用

目录"external"用于存放需引入的外部文件，"jQuery.js"库文件就存放在该目录中；以"jquery-ui"为前缀的文件是 jQuery UI 的 CSS 库文件和 JavaScript 文件，其中文件名中带有"min"的表示该文件是通过压缩的，其文件比较小，通常用于生产版本，非压缩的文件用于调试版本。在应用过程中，需要注意，在引入 jQuery UI 的 JavaScript 文件前，需先引入 jQuery 的核心文件。

在 jQuery UI 中，小部件、特效、交互都有一系列的方法，每个事件方法的应用在官方网站都有详细的介绍，此处只介绍基本的使用。

（1）调用方法创建组件

$(selector).事件方法名()

（2）带参数调用方法创建组件

$(selector).事件方法名(options)

参数说明：

options：可用对象格式，如{title:'用户登录',width:350,height:200,}。

（3）获取参数值

$(selector).事件方法名("参数名")

（4）设置参数

$(selector).事件方法名("参数名",参数值)

图 24-2 解压

示例：使用对话框输出续费提示信息，代码如下：

```
<!DOCTYPE html>
<html>
    <head>
        <meta charset="utf-8">
        <title></title>
        <!-- 引入 jQuery UI 的 CSS 文件 -->
```

```
            <link rel="stylesheet" href="jquery-ui/jquery-ui.css">
            <!-- 引入 jQuery 的核心文件 -->
            <script src="jquery-ui/external/jquery/jquery.js"></script>
            <!-- 引入 jQuery UI 的 JavaScript 文件 -->
            <script src="jquery-ui/jquery-ui.js"></script>
            <style>
                #mydialog p{font-size:15px;}
                #mydialog p span{color:red;font-weight:bold;font-size:16px;}
            </style>
            <script type="text/javascript">
                $(function(){
                    $("#mydialog").dialog();
                });
            </script>
        </head>
        <body>
            <div id="mydialog" title="续费提示">
                <p>亲爱的用户<span>test</span>,您好！您的会员即将到期，请续费。</p>
            </div>
        </body>
    </html>
```

运行上述代码的效果如图 24-3 所示。

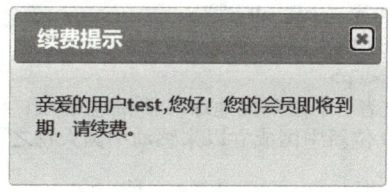

图 24-3　续费提示

24.2.4　jQuery UI 的工作原理

jQuery UI 的工作原理参见本书配套的电子资源。

24.3　任务实施

评论功能实现的步骤如下：

1）编写页面结构和内容，代码如下：

```
<div id="peoplelist">
    //第一位风云人物
    <h3>钱学森</h3>
    <div>
        <img src="images/man-1.png">
        <p>中国空气动力学家，中国科学院、中国工程院院士，中国"两弹一星"功勋奖章获得者之一。</p>
        <p>中国导弹和航天事业重大贡献者。被誉为"中国航天之父"和"火箭之王"。</p>
        <p>中国航天事业的奠基人，受人尊敬的科学家。</p>
        <p>在中国的发展和世界和平中发挥着重要作用的伟大科学家。</p>
```

```
        </div>
        //第二位风云人物
        <h3>赵九章</h3>
        <div>
            <img src="images/赵九章.png">
            <p>著名的科学家、气象学家、地球物理学家和空间物理学家,中国科学院院士。</p>
            <p>1933年毕业于清华大学物理系,后留校任物理系助教。</p>
            <p>1950年任中国科学院地球物理研究所所长。</p>
            <p>1955年当选为中国科学院学部委员(院士)。</p>
        </div>
        //第三位风云人物
        <h3>华罗庚</h3>
        <div>
            <img src="images/华罗庚.png">
            <p>中国著名数学家,中国科学院院士。</p>
            <p>中国解析数论、典型群、矩阵几何学、自守函数论与多元复变函数等方面研究者与奠基者。</p>
            <p>在世界上最有影响的中国数学家之一。</p>
            <p>芝加哥科学技术博物馆中的88位数学伟人之一。</p>
        </div>
        //第四位风云人物
        <h3>李四光</h3>
        <div>
            <img src="images/李四光.png" alt="">
            <p>中国著名地质学家,博士学位。</p>
            <p>中国科学院院士。</p>
            <p>中国地质力学创立者,中国现代地球科学和地质工作主要领导人和奠基人之一。</p>
            <p>2009年当选为100位新中国成立以来感动中国人物之一。</p>
        </div>
    </div>
```

2)编写 CSS 代码。

```
<style>
    .bgred{background-color:lightpink;}
    #peoplelistimg{float:left;margin-right:30px;height:250px;}
</style>
```

3)引入 jQuery UI 相关文件,代码如下:

```
<!-- 引入 jQuery UI 的 CSS 文件 -->
<link rel="stylesheet" href="jquery-ui/jquery-ui.css">
<!-- 引入 jQuery 的核心文件 -->
<script src="jquery-ui/external/jquery/jquery.js"></script>
<!-- 引入 jQuery UI 的 JavaScript 文件 -->
<script src="jquery-ui/jquery-ui.js"></script>
```

4)编写 JavaScript 代码。

```
<script type="text/javascript">
    $(function(){
        $("#peoplelist").accordion();
    });
</script>
```

24.4 证赛观测

1. 对接 1+X "Web 前端开发" 职业技能等级证书情况

该任务所学知识对接"Web 前端开发"职业技能等级要求（初级）的情况如下：

工作领域：3 轻量级前端框架应用。

工作任务：3.3jQuery 插件应用。

职业技能要求：3.3.1 能在网页中引入 jQuery 插件；3.3.2 能使用常用的 jQuery 插件进行网页的快捷开发；3.2.3 能使用 jQuery UI 插件开发交互效果页面。

2. 对接技能竞赛情况

同任务 1 的赛项。

24.5 课后练习

1.（单选题）关于 jQuery UI 描述正确的是（　　）。
A. jQuery UI 是以 jQuery 为基础的开源的 JavaScript 网页用户界面代码库
B. 在使用 jQuery UI 时不需要引入 jQuery 文件
C. jQuery UI 不能自定义主题
D. jQuery UI 由小部件和特效两部分组成

2.（单选题）在 jQuery UI 中，创建一个折叠面板小部件的方法是（　　）。
A. tabs( )　　　　B. accordion( )　　　　C. slider( )　　　　D. tooltip( )

3.（单选题）在 jQuery UI 中，dialog( )方法的作用是（　　）。
A. 创建进度条　　　　　　　　　　B. 创建工具提示框
C. 创建对话框　　　　　　　　　　D. 创建菜单

4.（单选题）在 jQuery UI 中，sortable( )方法的作用是（　　）。
A. 可用于实现排序的交互效果　　　　B. 可用于实现选择的交互效果
C. 可用于实现缩放的交互效果　　　　D. 可用于实现拖动的交互效果

5.（操作题）请使用 jQuery UI 实现用户登录效果，具体的业务逻辑为：单击"去登录页面"按钮，会弹出"用户登录"窗口，如图 24-4 所示；单击"提交"按钮，如果用户名或密码为空，则此时相应的文本框背景颜色会变成浅粉色，如果都不为空，则会跳转到百度页面。

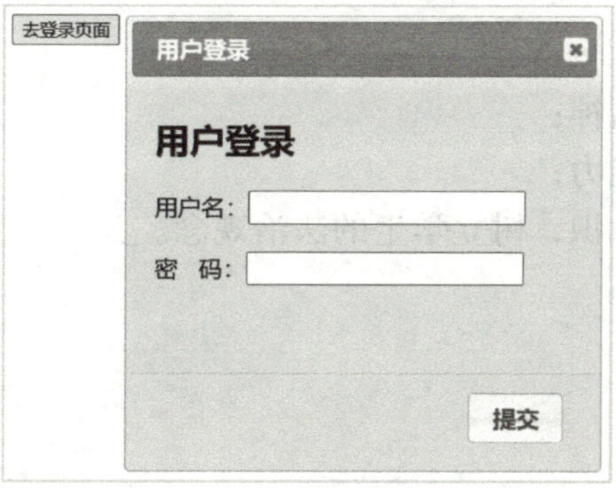

图 24-4　弹出用户登录窗口

模块 3 Web 项目实践

任务 25　制作链农生鲜集团网页交互效果

【知识目标】

- 了解什么是 JSON；
- 熟悉 JSON 基本语法规则；
- 掌握 JSON 对象及应用；
- 掌握 JSON 数组及应用；
- 掌握 JSON 与服务器端交换数据常用的方法；
- 了解什么是 AJAX；
- 理解 AJAX 的工作原理；
- 掌握 XMLHttpRequest 对象基本知识；
- 掌握使用 AJAX 的基本步骤；
- 掌握 jQuery 异步数据请求的相关方法。

码 25-0　品故事 悟道理：雷军献给青春的演讲

【技能目标】

- 能够根据需求使用 JSON 存储数据；
- 能够根据需求操作 JSON 数据；
- 能够使用 JavaScript AJAX 和 jQuery AJAX 技术异步请求数据。

【素质目标】

- 培养学生的团队协作精神；
- 培养学生自主探究的能力；
- 增强学生的网络安全意识，树立学生的法治观念。

【知识导图】

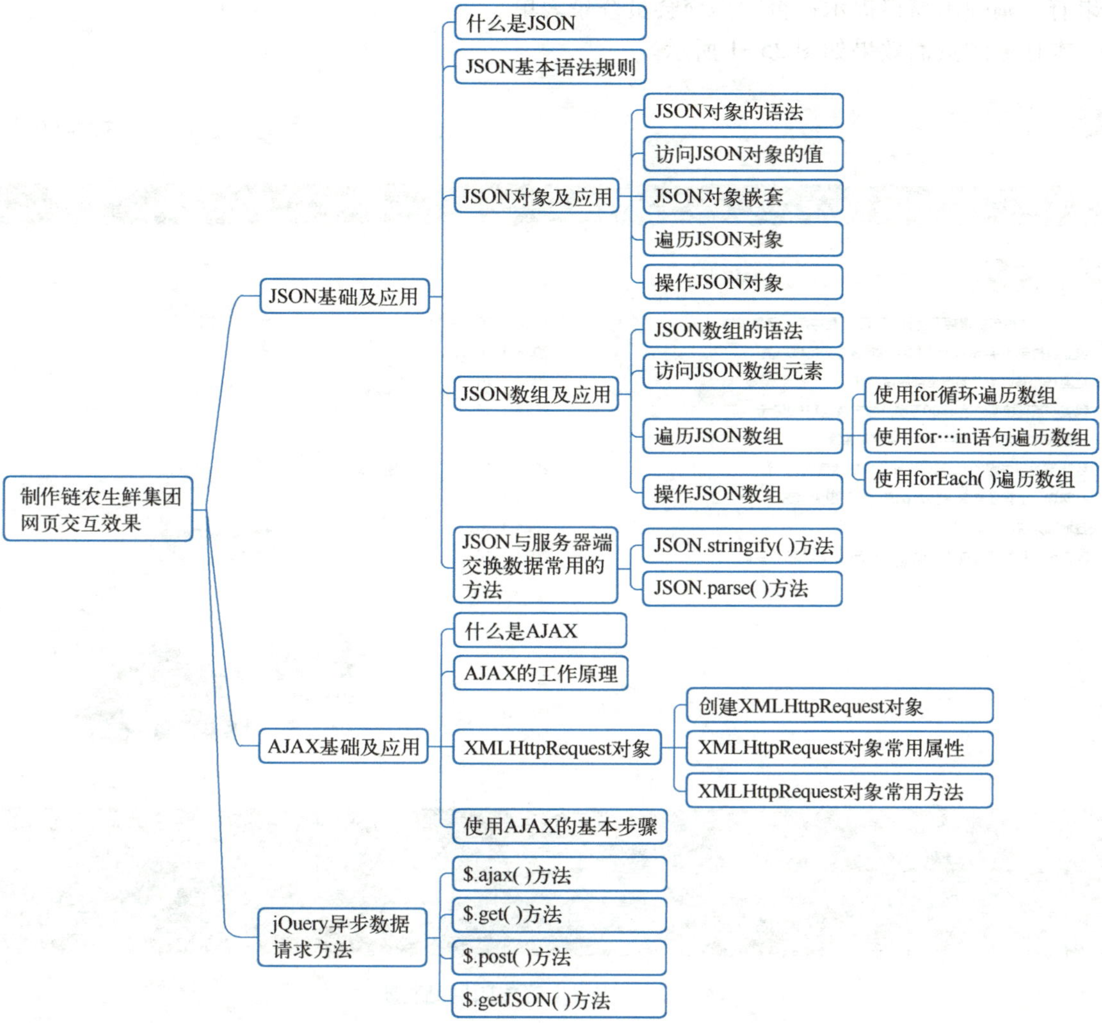

```
制作链农生鲜集团网页交互效果
├── JSON基础及应用
│   ├── 什么是JSON
│   ├── JSON基本语法规则
│   ├── JSON对象及应用
│   │   ├── JSON对象的语法
│   │   ├── 访问JSON对象的值
│   │   ├── JSON对象嵌套
│   │   ├── 遍历JSON对象
│   │   └── 操作JSON对象
│   ├── JSON数组及应用
│   │   ├── JSON数组的语法
│   │   ├── 访问JSON数组元素
│   │   ├── 遍历JSON数组
│   │   │   ├── 使用for循环遍历数组
│   │   │   ├── 使用for…in语句遍历数组
│   │   │   └── 使用forEach( )遍历数组
│   │   └── 操作JSON数组
│   └── JSON与服务器端交换数据常用的方法
│       ├── JSON.stringify( )方法
│       └── JSON.parse( )方法
├── AJAX基础及应用
│   ├── 什么是AJAX
│   ├── AJAX的工作原理
│   ├── XMLHttpRequest对象
│   │   ├── 创建XMLHttpRequest对象
│   │   ├── XMLHttpRequest对象常用属性
│   │   └── XMLHttpRequest对象常用方法
│   └── 使用AJAX的基本步骤
└── jQuery异步数据请求方法
    ├── $.ajax( )方法
    ├── $.get( )方法
    ├── $.post( )方法
    └── $.getJSON( )方法
```

25.1 任务描述与分析

本任务是链农生鲜集团网站的 Web 页面制作出来后，需要使用 JavaScript 或 jQuery 给页面添加交互逻辑和页面效果，具体业务逻辑如下：

1）单击导航条上的菜单项时，该菜单项的背景颜色会变成深绿色（颜色值：#008000）。

2）当指针移入导航条上的菜单项时，如果该菜单项有二级菜单，则使用下滑的动画效果显示二级菜单；当指针移出该菜单时，则使用上滑的动画效果隐藏该二级菜单。

3）Tab 栏中的聚焦三农、集团动态和生鲜学堂中的文章均来源于外部的 JSON 文件。

4）单击 Tab 栏上的菜单时，在文章列表区域将会显示相应的文章列表。

5）单击会员登录区域的"登录"按钮时，如果用户名为空，则弹出窗口输出提示信息，否则判断用户名中是否含有非法字符，如果有，则弹出窗口提示；如果用户名验证通过，则判

码 25-1 项目效果演示

断密码是否为空，如果为空，则弹出窗口输出提示信息；否则判断密码中是否含有非法字符，如果有，则弹出窗口提示；否则提交会员登录表单。

本任务的页面效果如图 25-1 所示。

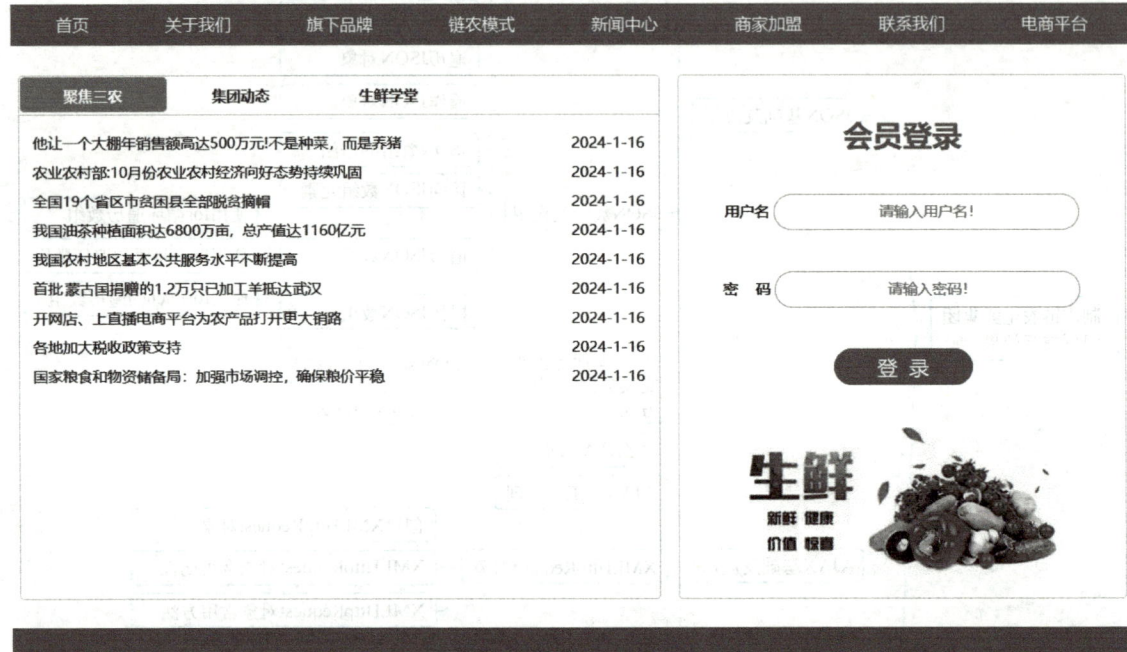

图 25-1　链农生鲜集团网站首页

根据任务描述可知，分析实现交互逻辑和相关页面效果所需知识具体如下：

1）针对业务逻辑第 1）项。该项业务逻辑可以使用排他操作思路实现，实现的过程中，可以使用 css()方法设置样式，使用 siblings()方法获取兄弟节点等。

2）针对业务逻辑第 2）项。该项业务逻辑可以使用 jQuery 提供的动画等相关方法实现，实现的过程中，可以使用 mouseover()、mouseout()或 hover()方法实现指针移入、移出事件，使用 slideUp()和 slideDown()方法分别实现二级菜单上滑、下滑动画效果。

3）针对业务逻辑第 3）项。使用 $.ajax()、$.get()或 $.getJSON()方法请求 JSON 文件数据，使用 $.each()方法分别遍历聚焦三农、集团动态和生鲜学堂文章列表，使用 append()方法把文章追加到相关的元素中。

4）针对业务逻辑第 4）项。该项业务逻辑可以使用排他操作思路实现，一是实现单击 Tab 栏的菜单时改变背景颜色，二是在文章列表区域显示相应的文章列表。在实现过程中，可以使用 addClass()、removeClass()、css()等方法对样式进行操作，使用 siblings()方法获取兄弟元素，使用 index()方法获取索引，使用 eq()方法选取指定索引元素。

5）针对业务逻辑第 5）项。该项业务逻辑可以使用多分支条件语句、正则表达式等知识实现。在实现过程中，可以使用 val() 方法获取用户名和密码，同时设置用于过滤非法字符的正则表达式，接着可以使用条件语句判断用户名和密码是否为空，如果不为空，则使用 test() 方法去判断用户名和密码中是否包含有非法字符，如果均不含有非法字符，则提交表单。

25.2 知识学堂

25.2.1 JSON 基础及应用

1. 什么是 JSON

JSON（JavaScript Object Notation）即 JavaScritp 对象表示法，它是一种轻量级的数据交换格式。JSON 最初是由 Douglas Crockford 在 2001 年提出的，它是基于 JavaScript 语言的语法，已成为跨编程语言和平台的通用数据格式。JSON 具有以下特点：

1) 独立于编程语言。
2) 层次结构简洁、清晰。
3) 易读写、易解析、易扩展。
4) 体积小，传输速度快。
5) 良好的兼容性和可移植性。

由于 JSON 格式简单且易于解析，它已成为现代应用程序中常用的数据格式之一，被广泛应用于 Web 应用程序和移动应用程序，如前端与服务器端之间的数据交换、互联网 API 开发等。

2. JSON 基本语法规则

JSON 语法是 JavaScript 对象表示语法的子集，相对来说比较简单，其语法规则具体如下：

1) 数据存储在键/值对（也称"名称/值"对）中，其中键和值之间使用冒号（:）隔开，键用双引号包裹，值可以是字符串、数字、布尔值、null、对象和数组。
2) 数据由逗号（,）分隔。
3) 用大括号（{}）保存对象。
4) 用中括号（[]）保存数组，数组可以包含多个对象。

3. JSON 对象及应用

（1）JSON 对象的语法

JSON 对象在大括号中书写，对象可以包含多个键/值对，其中键必须是字符串，值可以是合法的 JSON 数据类型，键和值之间使用冒号（:）隔开，每个键/值对使用逗号（,）隔开，具体语法格式如下：

```
{"属性1":值1,"属性2":值2,…,"属性n":值n}
```

JSON 对象的语法的示例代码如下：

```
let book={"bookName":"PHP 动态网站开发实训教程","author":"林龙健","price":36}
```

（2）访问 JSON 对象的值

该问 JSON 对象的值有两种方法，具体如下：

方法 1：对象名.属性名。

方法 2：对象名["属性名"]。

访问JSON对象的值的示例代码如下：

```
let book={"bookName":"PHP动态网站开发实训教程","author":"林龙健","price":36}
console.log(book.bookName);      //输出结果：PHP动态网站开发实训教程
console.log(book["author"]);     //输出结果：林龙健
```

（3）JSON对象嵌套

JSON对象嵌套是指在一个JSON对象中包含另外一个JSON对象，示例代码如下：

```
let stuObj={
    "name":"张明",
    "sex":'男',
    "age":20,
    "num":'20230102',
    "major":'计算机网络技术',
    "gade":'23网络1班',
    "isReg":true,
    "score":{
        "Chinese":88,
        "Maths":92,
        "English":85
    }
}
```

上述示例代码中，对象stuObj中属性score的值为对象，即JSON对象的嵌套。若需访问被嵌套对象的Maths属性和English属性的值，则可采用以下方式：

```
console.log(stuObj["score"]["Maths"]);    //输出92
console.log(stuObj.score.English);        //输出85
```

码25-2　遍历JSON对象

（4）遍历JSON对象

在实际的Web项目中，遍历JSON对象最常用的方法就是使用for…in语句，示例代码如下：

```
//创建JSON对象
let stuObj={
    "name":'张明',
    "sex":'男',
    "age":20,
    "num":'20230102',
    "major":'计算机网络技术',
    "grade":'23网络1班',
    "isReg":true,
    "score":{
        "Chinese":88,
        "Maths":92,
        "English":85
    }
}
//遍历JSON对象
for(let i in stuObj){
    if(typeof stuObj[i]==='object'){      //判断属性值是否为嵌套对象
        document.write(i+':<br>')
        for(let j in stuObj[i]){          //遍历嵌套对象
            document.write('    '+j+':'+stuObj[i][j]+'<br>')
```

```
            }
        }
        else{                       //输出对象的值
            document.write(i+':'+stuObj[i]+'<br>')
        }
    }
```

运行示例的结果如图 25-2 所示。

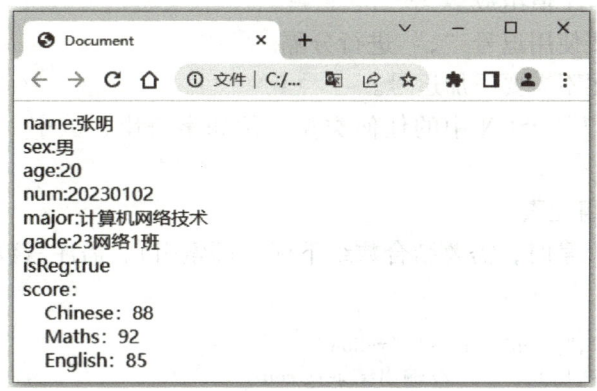

图 25-2　遍历 JSON 对象

（5）操作 JSON 对象

操作 JSON 对象，主要包括新增属性、修改属性值和删除属性，示例代码如下：

```
let bookObj = {
    "bookName":"PHP 动态网站开发实训教程",
    "author":"林龙健",
    "price":36
}
bookObj["bookName"] = "项目驱动式 PHP 动态网站开发实训教程";   //修改属性值
bookObj["publisher"] = "清华大学出版社";              //新增属性
delete bookObj.price;                             //删除属性
console.log(bookObj);                             //在控制台输出对象 bookObj
```

运行上述示例代码的结果如图 25-3 所示。

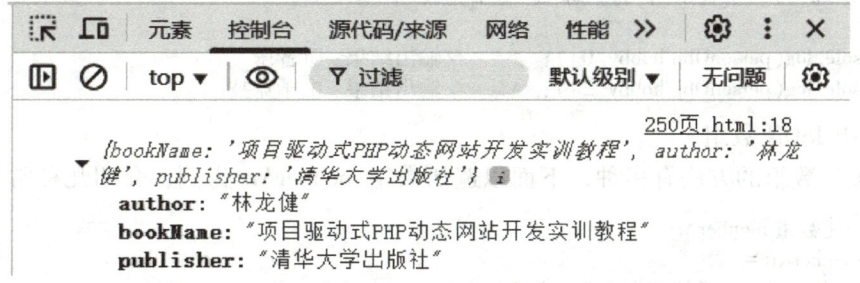

图 25-3　操作 JSON 对象

4. JSON 数组及应用

（1）JSON 数组的语法

JSON 中的数组几乎与 JavaScript 中的数组相同。同样需要使用方括号［］定义，方括号中为数组中的若干值，每个值之间使用逗号（,）分隔，具体的语法格式如下：

```
[value_1,value_2,value_3,…,value_N]
```

JSON 数组的语法的示例代码如下：

```
["red","green","blue","yellow",null]
```

在 JSON 中使用数组时，有以下几点需要注意：

1）数组必须使用方括号[ ]定义。
2）数组的内容由若干值组成。
3）每个值之间需要使用逗号","进行分隔。
4）最后一个值末尾不需要添加逗号。
5）数组中的值可以是 JSON 中的任何类型，例如字符串、数字、对象、数组、布尔值、null 等。

（2）访问 JSON 数组元素

在访问 JSON 数组元素时，需要结合数组下标（即索引），需注意数组下标是从 0 开始的，示例代码如下：

```
let colors=["red","green","blue","yellow"];
console.log(colors[1]);        //输出结果:green
```

在实际应用中，通常会碰到这种情况，就是数组的元素为对象，此时可采用下述示例的方法访问数组元素。

```
let menberArr=[
  {"id":1,"name":"张明","age":20},
  {"id":2,"name":"林锋","age":18}
]
console.log(menberArr[0]["name"]);     //输出结果：张明
console.log(menberArr[1]["name"]);     //输出结果：林锋
```

如果访问的数组嵌套在对象里，则此时可采用下述示例的方法访问数组元素。

```
let personObj={
  "name":"张迪",
  "sex":"男",
  "age":21,
  "hobby":["听音乐","打篮球","电子竞技"]
}
console.log(personObj.hobby[0]);       //输出结果：听音乐
console.log(personObj.hobby[2]);       //输出结果：电子竞技
```

（3）遍历 JSON 数组

遍历 JSON 数组的方法有多种，下面以遍历数组 menberArr 为例，介绍几种常用的方法。

```
//创建数组 menberArr
let menberArr=[
  {"id":1,"name":"张明","age":20},
  {"id":2,"name":"林锋","age":18}
]
```

1）使用 for 循环遍历数组，代码如下：

```
for(let i=0;i<menberArr.length;i++){
  document.write("id:"+menberArr[i].id+"/姓名:"+menberArr[i].name+
```

```
    "/年龄:"+menberArr[i].age+"<br />");
}
```

2）使用for…in语句遍历数组，代码如下：

```
for(let x in menberArr){
document.write("id:"+menberArr[x]["id"]+"/姓名:"+menberArr[x].name+
    "/年龄:"+menberArr[x].age+"<br />");
}
```

3）使用forEach()遍历数组，代码如下：

```
menberArr.forEach(function(value,index){
document.write("id:"+value.id+"/姓名:"+value.name+"/年龄:"+
    value.age+"<br />");
});
```

以上3种方法的运行结果如图25-4所示。

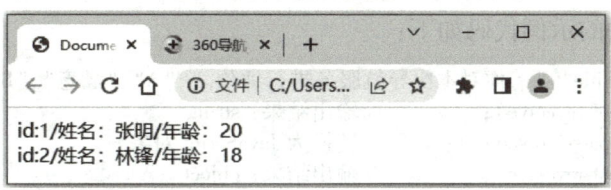

图25-4　遍历数组menberArr

（4）操作JSON数组

操作JSON数组，主要包括添加、修改、删除数组元素，下面以操作数组menberArr为例进行介绍，代码如下：

```
let newEle1='{"id":3,"name":"李丽",age:19}';
let newEle2='{"id":4,"name":"黄芸",age:18}';
let newEle3='{"id":5,"name":"陈志",age:22}';
menberArr.push(newEle1);          //在数组末尾插入元素
menberArr.unshift(newEle2);       //在数组末尾插入元素
menberArr.splice(2,0,newEle3);    //在索引为2(即第3条记录)位置插入元素
menberArr[1].name='林锋';         //修改数组元素中的值
menberArr.splice(1,1);            //删除索引为1的元素
console.log(menberArr);
```

上述代码的运行结果如图25-5所示。

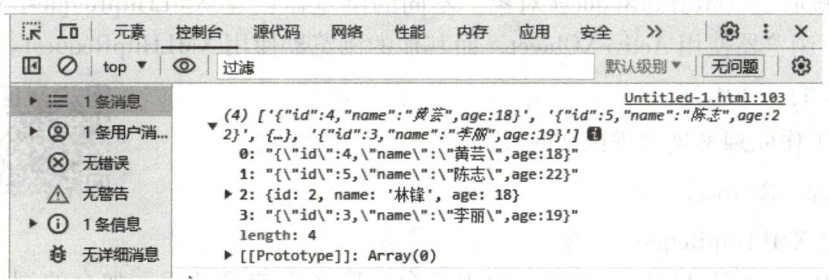

图25-5　操作JSON数组

5. JSON 与服务器端交换数据常用的方法

（1）JSON.stringify()方法

该方法能够将 JavaScript 值（对象或数组）序列化形成字符串，并返回序列化后的 JSON 字符串。在向服务器发送数据时，一般是以字符串的形式发送，如果前端的数据为对象类型，则可以使用 JSON.stringify()方法把 JavaScript 对象转换为字符串后再发送出去。

JSON.stringify()方法的示例代码如下：

```
let revceive={"id":12,"title":"什么是JSON?"};
console.log(typeof revceive);              //输出结果：object
revceive=JSON.stringify(revceive);         //转换为字符串
console.log(typeof revceive);              //输出结果：string
```

（2）JSON.parse()方法

该方法用于把 JSON 字符串转换为原生 JavaScript 值或对象。在接收服务器传回的数据时，如果传回的数据类型为 JSON 字符串，则需要把其转换为 JavaScript 对象，以方便处理使用。

JSON.parse()方法的示例代码如下：

```
let revceive='{"title":"请你对本次导航服务进行评价。","A":"满意","B":"不满意"}';
console.log(typeof revceive);              //输出结果：string
revceive=JSON.parse(revceive);             //转换为 JavaScript 对象
console.log(typeof revceive);              //输出结果：object
```

25.2.2　AJAX 基础及应用

1. 什么是 AJAX

AJAX（Asynchronous Javascript And XML），即异步的 JavaScript 和 XML，它是浏览器与服务器之间的一种异步通信方式，它可以异步地向服务器发送请求，在等待响应的过程中，不会阻塞当前页面，在这种情况下，浏览器可以做自己的事情。直到成功获取响应后，浏览器才开始处理响应数据。因此，浏览器可以在不重新加载网页的情况下，对页面进行局部更新。

需要注意的是，AJAX 不是一门新的编程语言，而是一种将现有标准组合在一起使用的新方式：

1）使用 CSS 和 XHTML 显示数据。
2）使用 DOM 模型来交互和动态显示。
3）使用 XMLHttpRequest 和服务器进行异步通信。
4）使用 JavaScript 绑定和调用。

AJAX 的核心是 XMLHttpRequest 对象，不同的浏览器创建 XMLHttpRequest 对象的方法是有差异的。IE 浏览器使用 ActiveXObiect，而其他的浏览器使用 XMLHttpRequest。

2. AJAX 的工作原理

AJAX 的工作原理参见二维码 25-3。

码 25-3　使用 AJAX

3. XMLHttpRequest 对象

（1）创建 XMLHttpRequest 对象

XMLHttpRequest 是 AJAX 的基础，用于后台与服务器交换数据。如今的浏览器均内建有 XMLHttpRequest 对象，老版本的 Internet Explorer（IE5 和 IE6）除外，因此，为了应对所有的浏览器（包括 IE5 和 IE6），在创建 XMLHttpRequest 对象时，需检查浏览器是否支持 XMLHttpRequest 对象。如果支持，则创建 XMLHttpRequest 对象，如果不支持，则创建 ActiveXObject 对象。

创建 XMLHttpRequest 对象的代码如下：

```
let xmlhttp;
if(window.XMLHttpRequest){
    //现代浏览器
xmlhttp=new XMLHttpRequest();
}else{
    //IE6,IE5 浏览器
xmlhttp=new ActiveXObject("Microsoft.XMLHTTP");
}
```

（2）XMLHttpRequest 对象常用属性

XMLHttpRequest 对象有以下几种常用属性：

1）onreadystatechange 属性。该属性用于存储函数（或函数名），当 readyState 属性发生改变时，就会调用该函数。也可以理解为 onreadystatechange 是 XMLHttpRequest 对象的一个事件，当 XMLHttpRequest 对象的 readyState 属性发生改变时，就会触发该事件。因此，通过 onreadystatechange 事件和 readyState 属性，可以实现对请求状态的实时监控和相应处理。

以下是该事件的使用方法示例：

```
xmlhttp.onreadystatechange = function(){
    //请求状态监控以及相应处理代码
}
```

2）readyState 属性。readyState 用于存储服务器响应的状态信息。当 readyState 改变时，onreadystatechange 事件就会被执行，readyState 属性值如表 25-1 所示。

表 25-1　readyState 属性值

状态	描述
0	请求未初始化（在调用 open()之前）
1	请求已提出（在调用 send()之前）
2	请求已发送（接收到了响应头和状态码）
3	请求处理中（响应中通常有部分数据可用，但是服务器还没有完成响应）
4	请求已完成（可以访问服务器响应并使用它）

在实际的应用中，通常需要在 onreadystatechange 事件中使用 if 语句判断响应是否已完成，具体代码如下：

```
xmlhttp.onreadystatechange = function(){
    if (xmlhttp.readyState == 4){
    //从服务器获得数据
    }
}
```

3）status 属性。该属性存储了服务器响应的 HTTP 状态码。通过这个状态码可以得知请求是否成功、处于什么样的状态。状态码类型有 5 种，其中："1XX"类的状态码表示临时响应；"2XX"类的状态码表示服务器成功接收了客户端请求；"3XX"类的状态码表示客户端浏览器必须采取更多操作来实现请求，通常为重定向；"4XX"类的状态码表示客户端错误；"5XX"类的状态码表示服务器端错误。

在实际项目开发中，应用得较多的状态码如表 25-2 所示。

表 25-2　服务端常用状态码

状态码	描述
200	服务器已成功处理了请求
403	服务器拒绝请求
404	服务器找不到请求的网页
408	服务器请求超时
500	服务器发生错误

status 属性的示例代码如下：

```
xmlhttp.onreadystatechange=function(){
if(xmlhttp.readyState==4&&xmlhttp.status==200){
    //请求成功,处理服务器返回的数据
}else{
  //请求失败,处理相应业务逻辑
}
}
```

4）responseText 属性。若需获取服务器端的响应，则需要使用 XMLHttpRequest 对象的 responseText 或 responseXML 属性。

如果来自服务器并非 XML 的响应，则需使用 responseText 属性，该属性返回字符串形式的响应。例如：

```
document.getElementById("myDiv").innerHTML=xmlhttp.responseText;
```

如果来自服务器的响应是 XML，而且需要作为 XML 对象进行解析，则使用 responseXML 属性。

（3）XMLHttpRequest 对象常用方法

XMLHttpRequest 对象常用的方法有 open() 和 send()，这两个方法用于将请求发送到服务器，具体如表 25-3 所示。

表 25-3　XMLHttpRequest 对象常用方法

方法	描述
open(method,url,async)	该方法用于设置请求的相关参数，具体如下： method：设置发送请求所使用的方法，通常为 get 或 post url：设置请求服务器文件的 URL，即服务器端脚本具体的位置 async：设置请求的方式，若值为 true，则是异步请求，值为 false，则是同步请求
send(string)	该方法用于发送请求，即将请求发送到服务器。需要注意，当参数 string 为空时用于 get 请求，当参数 string 不为空时用于 post 请求

4. 使用 AJAX 的基本步骤

要实现一个 AJAX 异步调用和局部刷新，通常需要以下几个步骤。其示例代码如下：

```
//步骤1：创建XMLHttpRequest对象
let xmlhttp;
if(window.XMLHttpRequest){
    xmlhttp=new XMLHttpRequest();
}else{
    xmlhttp=new ActiveXObject("Microsoft.XMLHTTP");
}
//步骤2：监听请求状态并编写回调函数
xmlhttp.onreadystatechange=function(){
    if(xmlhttp.readyState==4 &&xmlhttp.status==200){
        //请求成功，处理服务器返回的数据
    }else{
        //请求失败，处理相应业务逻辑
    }
}
//步骤3：设置请求的方式
xmlhttp.open(请求的相关参数);
//步骤4：发送请求
xmlhttp.send();
```

25.2.3 jQuery 异步数据请求方法

1. $.ajax( )方法

码25-4 $.ajax( )方法的应用

$.ajax( )方法是 jQuery 底层 AJAX 实现的，使用该方法能够达到异步更新的效果。$.get( )、$.post( )、load( )、$.getJSON( )、$.getScript( )等方法都是 $.ajax( )方法的简化形式（即都调用该函数，只是参数设置有所不同或有所省略），其语法格式如下：

```
$.ajax({type:"",url:"",[data:{}],success:function(res){}})
```

参数说明如下。

type：指定数据请求的方式，例如 get 或 post。
url：请求的 URL 地址。
data：传给服务器的数据。
success：回调函数，即请求成功后调用的函数。
$.ajax( )方法的示例代码如下：

```
$.ajax({
    type:'get',
    url:'http://localhost/api/getStuInfo.php',
    data:{id:1},
    success:function(res){
        console.log(res);
    }
});
```

2. $.get( )方法

$.get( )方法主要用于向服务器端发起 get 请求，通常用于获取服务器端数据，其语法格式如下：

```
$.get(url,[data],callback)
```

参数说明如下。

url：请求的 URL 地址。

data：传给服务器端的数据。

callback：回调函数，即请求成功后执行的函数。

$.get()方法的示例代码如下：

```
$.get(
    'http://localhost/api/getStuInfo.php',
    {id:1},
    function(res){
        console.log(res);
    }
);
```

3. $.post()方法

$.post()方法主要用于向服务器端发起 post 请求，通常用于向服务器端提交数据，其语法格式如下：

```
$.post(url,[data],callback,type)
```

参数说明如下。

url：请求的 URL 地址。

data：传给服务器端的数据。

callback：回调函数，即请求成功后执行的函数。

type：服务器端返回的内容格式（如 JSON、XML、text、html 等）。

$.post 方法的示例代码如下：

```
$.post(
    'http://localhost/api/addStuInfo.php',
    {name:'张扬',sex:'男',age:'18',classId:3},
    function(res){
        console.log(res);
    },
    'text'
);
```

4. $.getJSON()方法

$.getJSON()方法主要用于请求服务器 JSON 编码的数据，它使用的是 GET HTTP 请求，其语法格式如下：

```
$.getJSON(url,[data],callback)
```

参数说明如下。

url：请求的 URL 地址。

data：传给服务器端的数据。

callback：回调函数，即请求成功后执行的函数。
$.getJSON()方法的示例代码如下：

```
$.getJSON(
    'http://localhost/api/getStuInfo.php',
    {id:1},
    function(data){
        console.log(data);
    }
);
```

25.3 任务实施

本任务的实施步骤如下：
1）打开素材文件夹下的文件"index.html"。
2）引入 jQuery 文件，编写页面加载完的 JavaScript 代码。

```
<script src="js/jquery-3.7.0.min.js"></script>
<script>
    $(function(){
        //具体的业务逻辑
    }
</script>
```

3）实现单击导航菜单改变菜单背景颜色的效果，具体代码如下：

```
//单击菜单项，改变该菜单项的背景颜色
$(".centerbox>li").on("click",function(){
    $(this).css("background-color","green").siblings().css("background-color","");
});
```

4）制作下拉菜单效果，具体代码如下：

```
//使用 hover()方法实现指针移入、移出效果
$(".centerbox>li").hover(
    //指针移入执行的函数
    function(){
        //如果带有二级菜单，则添加下滑动画效果
        if($(this).length>0){
            $(this).children("ul").stop().slideDown();
        }
    },
    //指针移出执行的函数
    function(){
        //如果带有二级菜单，则添加上滑动画效果
        if($(this).length>0){
            $(this).children("ul").stop().slideUp();
        }
    }
);
```

运行效果如图 25-6 和图 25-7 所示。

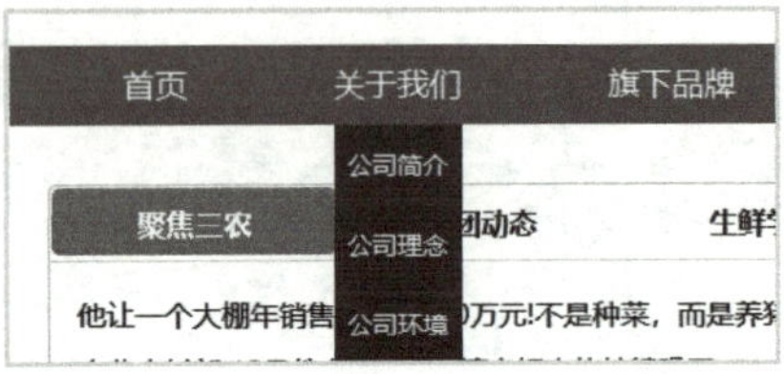

图 25-6 "关于我们"二级菜单 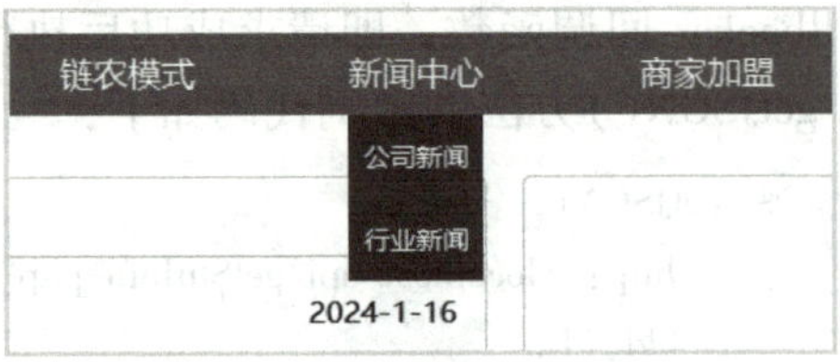　　　　　图 25-7 "新闻中心"二级菜单

5) 异步获取文章数据，具体代码如下：

```javascript
//使用 $.ajax()方法异步获取 data.json 文件
$.ajax({
    url:"js/data.json",          //指定请求 URL 地址
    type:"get",                  //指定请求方法
    success:function(data){      //请求成功，回调函数
        //遍历输出"聚焦三农"文章列表
        $.each(data[0]["content"],function(index,value){
            $(".left_main .item").eq(0).append("<li>"+value["title"]+
            "<span class='last'>"+value["pubdate"]+"</span></li>")});
        //遍历输出"集团动态"文章列表
        $.each(data[1]["content"],function(index,value){
            $(".left_main .item").eq(1).append("<li>"+value["title"]+
            "<span class='last'>"+value["pubdate"]+"</span></li>")});
        //遍历输出"生鲜学堂"文章列表
        $.each(data[2]["content"],function(index,value){
            $(".left_main .item").eq(2).append("<li>"+value["title"]+
            "<span class='last'>"+value["pubdate"]+"</span></li>")});
    }
});
```

运行效果如图 25-8 所示。

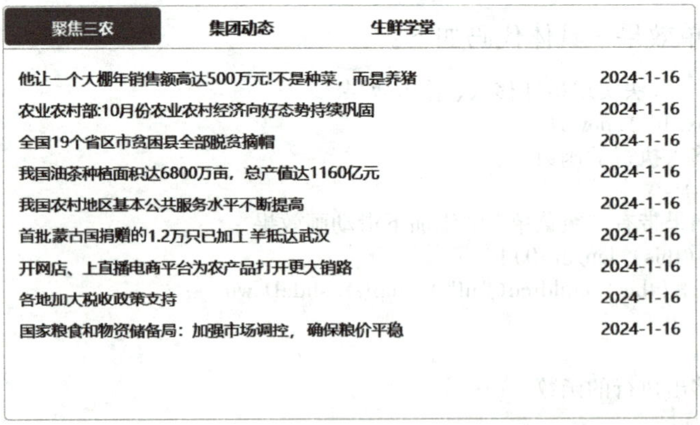

图 25-8 聚焦三农文章列表

6) 实现 Tab 栏切换效果，具体代码如下：

```javascript
//给 tab 元素绑定单击事件
$(".tab").on("click",function(){
    //给当前 tab 元素添加"current"类样式，然后删除其兄弟元素的"current"类样式
    $(this).addClass("current").siblings().removeClass("current");
```

```
            //获取当前tab元素的索引
            let index=$(this).index();
            //根据当前tab元素的索引找item元素并设置其display属性为"block"
            $(".item").eq(index).css("display","block").siblings().css("display","none");
        })
```

运行上述代码后,可以通过单击Tab栏的菜单实现切换效果,如图25-9和图25-10所示。

图25-9　集团动态文章 　　　　　　　　图25-10　生鲜学堂文章

7) 实现登录页面非空判断和非法字符判断,具体代码如下:

```
//给提交按钮绑定单击事件
$("#btn").on("click",function(){
    let name=$("#name").val();                  //获取用户名
    let password=$("#password").val();          //获取密码
    const reg=/[ ~'!@#$%^&*()-+_=:]/g;           //创建正则表达式,用于非法字符判断
    if(name==""){                               //用户名非空判断
        alert("用户名不能为空!");
        $("#name").focus();
        return false;
    }else if(reg.test($("#name").val())){       //判断用户名中是否含有非法字符
        alert("你输入的用户名包含有非法字符!")
        $("#name").focus();
        return false;
    }else if(password==""){                     //密码非空判断
        alert("密码不能为空!");
        $("#password").focus();
        return false;
    }else if(reg.test($("#password").val())){   //判断密码中是否含有非法字符
        alert("你输入的密码包含有非法字符!")
        $("#password").focus();
        return false;
    }else{
        $("#loginForm").submit();               //提交表单
    }
});
```

25.4　证赛观测

1. 对接1+X "Web前端开发"职业技能等级证书情况

本项目所学知识对接"Web前端开发"职业技能等级要求(中级)的情况如下:

工作领域:1 静态网站制作。

工作任务:1.3 Web前后端数据交互。

职业技能要求:1.3.2 能熟练使用AJAX中的XML、JSON数据格式与网站后端进行数据交互；1.3.3 能使用 AJAX 完成异步刷新、异步获取数据；1.3.4 能使用 XMLHttpRequest 或 jQuery 完成 AJAX 异步操作。

2. 对接技能竞赛情况

同任务 1 的赛项。

25.5 课后练习

1．（单选题）以下关于 JSON 的说法错误的是（　　）。
  A．JSON 具有自我描述性　　　　　　　B．JSON 是 JavaScript 对象表示法
  C．JSON 是轻量级的文本数据交换格式　　D．JSON 不独立于语言
2．（单选题）下面关于 JSON 对象形式描述错误的是（　　）。
  A．JSON 对象是以"［"开始，以"］"结束的
  B．JSON 对象内部只能保存属性，不能保存方法
  C．键与值之间使用英文冒号"："分隔
  D．通过"对象［属性名］"的方式可以获取对象的属性值
3．（单选题）关于 JSON 和 XML 的区别，描述错误的是（　　）。
  A．JSON 和 XML 都是纯文本
  B．JSON 和 XML 都具有"自我描述性"
  C．JSON 可以通过 JavaScript 进行解析，而 XML 不可以
  D．XML 有结束标签，而 JSON 没有
4．（单选题）下列选项中，不属于 JSON 支持的数据类型的有（　　）。
  A．字符串　　　　　B．数字　　　　　C．布尔值　　　　　D．枚举
5．（单选题）JSON.stringify()用于将数组、对象转换成字符串，这个说法（　　）。
  A．正确　　　　　　B．错误
6．JSON 使用（　　）符号来表示对象。
  A．{ }　　　　　　　B．[ ]　　　　　　C．" "　　　　　　　D．( )
7．（单选题）AJAX 技术可以实现客户端的（　　）请求操作。
  A．同步　　　　　　B．异步
8．（单选题）AJAX 的优点具体表现在（　　）。
  A．减轻服务器的负担
  B．无刷新更新页面
  C．调用 XML 等外部数据，进一步促进 Web 页面显示和数据的分离
  D．以上说法都正确
9．（单选题）AJAX 技术之中，最核心的技术就是（　　）。
  A．XMLHttpRequest　　B．XML　　　　C．JavaScript　　　　D．DOM
10．（单选题）在 XMLHttpRequest 对象中，readyState 属性共包括（　　）个属性值。
  A．3　　　　　　　　B．4　　　　　　　C．5　　　　　　　　D．6
11．（单选题）用于向服务器发送请求的方法是（　　）方法。
  A．open()　　　　　　B．abort()　　　　C．send()　　　　　　D．setRequestHeader()
12．（单选题）XMLHttpRequest 对象中用于获取服务器响应的表示为字符串的属性是（　　）。

A. responseText　　　B. responseHTML　　　C. responseXML　　　D. responseValue

13.（单选题）下列对于同步和异步描述正确的是（　　）。

A. AJAX 程序一般都发送同步请求

B. 在调用 open 方法时可以使用第三个参数来设置该请求为同步还是异步

C. true 为同步请求，false 为异步请求

D. open 方法的第三个参数是可选参数，默认为 true 同步请求

14.（单选题）以下（　　）技术不是 AJAX 技术体系的组成部分。

A. XMLHttpRequest　　B. DHTML　　　C. CSS　　　D. DOM

15.（单选题）AJAX 术语是由（　　）公司或组织最先提出的。

A. Google　　　B. IBM　　　C. Adaptive Path　　　D. Dojo Foundation

16.（单选题）下列选项中，关于 AJAX 说法错误的是（　　）。

A. AJAX 技术可以通过 JavaScript 发送请求到服务器，可实现只更新局部页面，而不需要刷新整个页面的效果

B. AJAX 技术的核心是 JavaScript 对象 XMLHttpRequest，它可以向服务器端发送异步请求

C. AJAX 并不是全新的技术，而是整合了几种现有的技术：JavaScript、XML 和 CSS

D. XMLHttpRequest 对象有 5 种状态，当状态为 5 时，表示接收结果完毕

17.（填空题）使用 AJAX 实现：单击"读取文本文件内容"按钮时，读取"ajax_info.txt"文件内容并替换 id 为"myDiv"元素的内容。在相应的空格中补充程序。

```
<!DOCTYPE html>
<html>
<head>
<meta charset="utf-8">
<script>
function loadXMLDoc(){
    letxmlhttp;
    if (window.XMLHttpRequest){
        //IE7+、Firefox、Chrome、Opera、Safari 浏览器执行代码
        xmlhttp=new XMLHttpRequest();
    }else{
        //IE6、IE5 浏览器执行代码
        xmlhttp=new ActiveXObject("Microsoft.XMLHTTP");
    }
    xmlhttp.____(1)____=function(){
        if(xmlhttp.readyState==____(2)____&&xmlhttp.status==____(3)____){
            document.getElementById("myDiv").innerHTML=xmlhttp.____(4)____;
        }
    }
    xmlhttp.____(5)____("GET","/try/ajax/ajax_info.txt",true);
    xmlhttp.send();
}
</script>
</head>
<body>
<div id="myDiv"><h2>使用 AJAX 修改该文本内容</h2></div>
<button type="button" onclick ="loadXMLDoc()">读取文本文件</button>
</body>
</html>
```

参 考 文 献

[1] 中华人民共和国国家质量监督检验检疫总局，中国国家标准化管理委员会．计算机软件文档编制规范：GB/T 8567—2006［S］．V. 2006.
[2] 中华人民共和国国家质量监督检验检疫总局，中国国家标准化管理委员会．软件工程 用于互联网的推荐实践 网站工程、网站管理和网站生存周期：GB/T 30971—2014［S］．V. 2015.
[3] 中华人民共和国国家质量监督检验检疫总局，中国国家标准化管理委员会．信息技术 软件工程术语：GB/T 11457—2006［S］．V. 2006.

机工教育

任务驱动 | 岗课赛证融通 | 任务工单式

Web前端技术
(JavaScript+jQuery)
任务工单

林龙健 李观金 王磊 ◎ 主编

目 录

模块 1　JavaScript 基础及应用

任务工单 1　单击图片弹出窗口并输出文本 ………………………………………………… 1
任务工单 2　在页面上显示图书信息 …………………………………………………………… 3
任务工单 3　采集并输出学生信息 ……………………………………………………………… 5
任务工单 4　输入商品单价和数量计算总金额 ……………………………………………… 7
任务工单 5　制作简单运算器 …………………………………………………………………… 9
任务工单 6　根据输入成绩评定等级 ………………………………………………………… 11
任务工单 7　使用玫瑰花图片制作菱形 ……………………………………………………… 13
任务工单 8　制作七色小球效果 ……………………………………………………………… 15
任务工单 9　统计学生考试成绩 ……………………………………………………………… 17
任务工单 10　存储并输出手机商品信息 …………………………………………………… 19
任务工单 11　验证用户注册页面信息 ……………………………………………………… 21
任务工单 12　制作 Tab 栏显示古诗信息 …………………………………………………… 23
任务工单 13　制作留言页面 …………………………………………………………………… 25
任务工单 14　模拟 LED 显示屏效果 ………………………………………………………… 27
任务工单 15　制作随机选号器 ………………………………………………………………… 29
任务工单 16　使用 ES9 语法存储并输出产品列表信息 ………………………………… 31

模块 2　jQuery 基础及应用

任务工单 17　使用 jQuery 实现弹出窗口输出"Hello jQuery！" ……………………… 33
任务工单 18　使用 jQuery 实现网站品牌列表的展开与收起 …………………………… 35
任务工单 19　使用 jQuery 实现文章栏目切换显示效果 ………………………………… 37
任务工单 20　使用 jQuery 实现答案显示与隐藏效果 …………………………………… 39
任务工单 21　使用 jQuery 实现焦点幻灯效果 …………………………………………… 41
任务工单 22　使用 jQuery 实现购物车功能 ……………………………………………… 43
任务工单 23　使用 jQuery 制作评论页面 ………………………………………………… 45
任务工单 24　使用 jQuery UI 制作风云人物列表 ………………………………………… 47

模块 3　Web 项目实践

任务工单 25　制作链农生鲜集团网页交互效果 …………………………………………… 49

模块 1　JavaScript 基础及应用

任务工单 1　单击图片弹出窗口并输出文本

院系		专业/班级	
姓名		学号	
小组成员		组长姓名	

一、任务分工

说明	小组成员在接到任务后，进行合理分工，明确各自职责
分工情况	

二、准备工作

开发环境 （描述开发环境，如编码工具等）	
运行环境 （描述运行环境）	
素材 （描述任务素材准备情况）	

三、任务分析（计划）

任务描述	
完成任务所需知识/技能	
实现思路	

四、任务实施
记录任务实施过程及实施结果

五、总结与反思（根据自己在任务实施过程中的表现，进行自我评价与反思）

六、任务评价		
评分标准	分值	得分
清楚本小组任务，小组内的分工合理，按时完成任务	5	
根据任务需求搭建合适的开发环境，选择合适的开发工具并准备好完成任务所需的素材	5	
任务实施过程中，能够根据要求进行实训，其间成员沟通良好，体现出良好的团队协作精神、工匠精神等综合素养	5	
代码编写规范，养成良好的代码注释习惯	5	
提交的任务材料命名规范、资料齐全	5	
任务效果完成情况	70	
能对自身任务完成情况进行反思，并根据自身表现情况进行客观评价	5	
指导老师签名：	总分（满分100分）	

任务工单 2　在页面上显示图书信息

院系		专业/班级	
姓名		学号	
小组成员		组长姓名	
一、任务分工			
说明	小组成员在接到任务后，进行合理分工，明确各自职责		
分工情况			
二、准备工作			
开发环境 （描述开发环境，如编码工具等）			
运行环境 （描述运行环境）			
素材 （描述任务素材准备情况）			
三、任务分析（计划）			
任务描述			
完成任务所需知识/技能			
实现思路			

四、任务实施
记录任务实施过程及实施结果

五、总结与反思（根据自己在任务实施过程中的表现，进行自我评价与反思）

六、任务评价			
评分标准		分值	得分
清楚本小组任务，小组内的分工合理，按时完成任务		5	
根据任务需求搭建合适的开发环境，选择合适的开发工具并准备好完成任务所需的素材		5	
任务实施过程中，能够根据要求进行实操，其间体现出良好的职业素养（如沟通能力、团队协作精神、工匠精神等）		5	
代码编写规范，养成良好的代码注释习惯		5	
提交的任务材料命名规范、资料齐全		5	
任务效果完成情况		70	
能对自身任务完成情况进行反思，并根据自身表现情况进行客观评价		5	
指导老师签名：		总分（满分100分）	

任务工单 3 采集并输出学生信息

院系		专业/班级	
姓名		学号	
小组成员		组长姓名	
一、任务分工			
说明	小组成员在接到任务后,进行合理分工,明确各自职责		
分工情况			
二、准备工作			
开发环境 (描述开发环境,如编码工具等)			
运行环境 (描述运行环境)			
素材 (描述任务素材准备情况)			
三、任务分析(计划)			
任务描述			
完成任务所需知识/技能			
实现思路			

四、任务实施
记录任务实施过程及实施结果

五、总结与反思（根据自己在任务实施过程中的表现，进行自我评价与反思）

六、任务评价

评分标准	分值	得分
清楚本小组任务，小组内的分工合理，按时完成任务	5	
根据任务需求搭建合适的开发环境，选择合适的开发工具并准备好完成任务所需的素材	5	
任务实施过程中，能够根据要求进行实训，其间成员沟通良好，体现出良好的团队协作精神、工匠精神等综合素养	5	
代码编写规范，养成良好的代码注释习惯	5	
提交的任务材料命名规范、资料齐全	5	
任务效果完成情况	70	
能对自身任务完成情况进行反思，并根据自身表现情况进行客观评价	5	
指导老师签名：	总分（满分100分）	

任务工单 4 输入商品单价和数量计算总金额

院系		专业/班级	
姓名		学号	
小组成员		组长姓名	

一、任务分工

说明	小组成员在接到任务后,进行合理分工,明确各自职责
分工情况	

二、准备工作

开发环境 (描述开发环境,如编码工具等)	
运行环境 (描述运行环境)	
素材 (描述任务素材准备情况)	

三、任务分析(计划)

任务描述	
完成任务所需知识/技能	
实现思路	

四、任务实施
记录任务实施过程及实施结果

五、总结与反思（根据自己在任务实施过程中的表现，进行自我评价与反思）

六、任务评价		
评分标准	分值	得分
清楚本小组任务，小组内的分工合理，按时完成任务	5	
根据任务需求搭建合适的开发环境，选择合适的开发工具并准备好完成任务所需的素材	5	
任务实施过程中，能够根据要求进行实训，其间成员沟通良好，体现出良好的团队协作精神、工匠精神等综合素养	5	
代码编写规范，养成良好的代码注释习惯	5	
提交的任务材料命名规范、资料齐全	5	
任务效果完成情况	70	
能对自身任务完成情况进行反思，并根据自身表现情况进行客观评价	5	
指导老师签名：	总分（满分100分）	

任务工单 5　制作简单运算器

院系		专业/班级	
姓名		学号	
小组成员		组长姓名	
一、任务分工			
说明	小组成员在接到任务后,进行合理分工,明确各自职责		
分工情况			
二、准备工作			
开发环境 (描述开发环境,如编码工具等)			
运行环境 (描述运行环境)			
素材 (描述任务素材准备情况)			
三、任务分析(计划)			
任务描述			
完成任务所需知识/技能			
实现思路			

四、任务实施
记录任务实施过程及实施结果

五、总结与反思（根据自己在任务实施过程中的表现，进行自我评价与反思）

六、任务评价

评分标准	分值	得分
清楚本小组任务，小组内的分工合理，按时完成任务	5	
根据任务需求搭建合适的开发环境，选择合适的开发工具并准备好完成任务所需的素材	5	
任务实施过程中，能够根据要求进行实训，其间成员沟通良好，体现出良好的团队协作精神、工匠精神等综合素养	5	
代码编写规范，培养良好的代码注释习惯	5	
提交的任务材料命名规范、资料齐全	5	
任务效果完成情况	70	
能对自身任务完成情况进行反思，并根据自身表现情况进行客观评价	5	
指导老师签名：	总分（满分100分）	

任务工单 6　根据输入成绩评定等级

院系		专业/班级	
姓名		学号	
小组成员		组长姓名	
一、任务分工			
说明	小组成员在接到任务后，进行合理分工，明确各自职责		
分工情况			
二、准备工作			
开发环境 （描述开发环境，如编码工具等）			
运行环境 （描述运行环境）			
素材 （描述任务素材准备情况）			
三、任务分析（计划）			
任务描述			
完成任务所需知识/技能			
实现思路			

四、任务实施
记录任务实施过程及实施结果

五、总结与反思（根据自己在任务实施过程中的表现，进行自我评价与反思）

六、任务评价			
评分标准		分值	得分
清楚本小组任务，小组内的分工合理，按时完成任务		5	
根据任务需求搭建合适的开发环境，选择合适的开发工具并准备好完成任务所需的素材		5	
任务实施过程中，能够根据要求进行实训，其间成员沟通良好，体现出良好的团队协作精神、工匠精神等综合素养		5	
代码编写规范，养成良好的代码注释习惯		5	
提交的任务材料命名规范、资料齐全		5	
任务效果完成情况		70	
能对自身任务完成情况进行反思，并根据自身表现情况进行客观评价		5	
指导老师签名：		总分（满分100分）	

任务工单 7 使用玫瑰花图片制作菱形

院系		专业/班级	
姓名		学号	
小组成员		组长姓名	

一、任务分工	
说明	小组成员在接到任务后,进行合理分工,明确各自职责
分工情况	

二、准备工作	
开发环境 (描述开发环境,如编码工具等)	
运行环境 (描述运行环境)	
素材 (描述任务素材准备情况)	

三、任务分析(计划)	
任务描述	
完成任务所需知识/技能	
实现思路	

四、任务实施
记录任务实施过程及实施结果

五、总结与反思（根据自己在任务实施过程中的表现，进行自我评价与反思）

六、任务评价		
评分标准	分值	得分
清楚本小组任务，小组内的分工合理，按时完成任务	5	
根据任务需求搭建合适的开发环境，选择合适的开发工具并准备好完成任务所需的素材	5	
任务实施过程中，能够根据要求进行实训，其间成员沟通良好，体现出良好的团队协作精神、工匠精神等综合素养	5	
代码编写规范，养成良好的代码注释习惯	5	
提交的任务材料命名规范、资料齐全	5	
任务效果完成情况	70	
能对自身任务完成情况进行反思，并根据自身表现情况进行客观评价	5	
指导老师签名：	总分（满分100分）	

任务工单 8　制作七色小球效果

院系		专业/班级	
姓名		学号	
小组成员		组长姓名	

一、任务分工	
说明	小组成员在接到任务后，进行合理分工，明确各自职责
分工情况	

二、准备工作	
开发环境 （描述开发环境，如编码工具等）	
运行环境 （描述运行环境）	
素材 （描述任务素材准备情况）	

三、任务分析（计划）	
任务描述	
完成任务所需知识/技能	
实现思路	

四、任务实施
记录任务实施过程及实施结果

五、总结与反思（根据自己在任务实施过程中的表现，进行自我评价与反思）

六、任务评价			
评分标准		分值	得分
清楚本小组任务，小组内的分工合理，按时完成任务		5	
根据任务需求搭建合适的开发环境，选择合适的开发工具并准备好完成任务所需的素材		5	
任务实施过程中，能够根据要求进行实训，其间成员沟通良好，体现出良好的团队协作精神等综合素养		5	
代码编写规范，养成良好的代码注释习惯		5	
提交的任务材料命名规范、资料齐全		5	
任务效果完成情况		70	
能对自身任务完成情况进行反思，并根据自身表现情况进行客观评价		5	
指导老师签名：		总分（满分100分）	

任务工单 9　统计学生考试成绩

院系		专业/班级	
姓名		学号	
小组成员		组长姓名	

一、任务分工

说明	小组成员在接到任务后，进行合理分工，明确各自职责
分工情况	

二、准备工作

开发环境 （描述开发环境，如编码工具等）	
运行环境 （描述运行环境）	
素材 （描述任务素材准备情况）	

三、任务分析（计划）

任务描述	
完成任务所需知识/技能	
实现思路	

四、任务实施
记录任务实施过程及实施结果

五、总结与反思（根据自己在任务实施过程中的表现，进行自我评价与反思）

六、任务评价			
评分标准		分值	得分
清楚本小组任务，小组内的分工合理，按时完成任务		5	
根据任务需求搭建合适的开发环境，选择合适的开发工具并准备好完成任务所需的素材		5	
任务实施过程中，能够根据要求进行实训，其间成员沟通良好，体现出良好的团队协作精神等综合素养		5	
代码编写规范，养成良好的代码注释习惯		5	
提交的任务材料命名规范、资料齐全		5	
任务效果完成情况		70	
能对自身任务完成情况进行反思，并根据自身表现情况进行客观评价		5	
指导老师签名：		总分（满分100分）	

任务工单 10　存储并输出手机商品信息

院系		专业/班级	
姓名		学号	
小组成员		组长姓名	

一、任务分工

说明	小组成员在接到任务后，进行合理分工，明确各自职责
分工情况	

二、准备工作

开发环境 （描述开发环境，如编码工具等）	
运行环境 （描述运行环境）	
素材 （描述任务素材准备情况）	

三、任务分析（计划）

任务描述	
完成任务所需知识/技能	
实现思路	

四、任务实施
记录任务实施过程及实施结果

五、总结与反思（根据自己在任务实施过程中的表现，进行自我评价与反思）

六、任务评价

评分标准	分值	得分
清楚本小组任务，小组内的分工合理，按时完成任务	5	
根据任务需求搭建合适的开发环境，选择合适的开发工具并准备好完成任务所需的素材	5	
任务实施过程中，能够根据要求进行实训，其间成员沟通良好，体现出良好的团队协作精神等综合素养	5	
代码编写规范，培养良好的代码注释习惯	5	
提交的任务材料命名规范、资料齐全	5	
任务效果完成情况	70	
能对自身任务完成情况进行反思，并根据自身表现情况进行客观评价	5	
指导老师签名：	总分（满分100分）	

任务工单 11　验证用户注册页面信息

院系		专业/班级	
姓名		学号	
小组成员		组长姓名	
一、任务分工			
说明	小组成员在接到任务后，进行合理分工，明确各自职责		
分工情况			
二、准备工作			
开发环境 （描述开发环境，如编码工具等）			
运行环境 （描述运行环境）			
素材 （描述任务素材准备情况）			
三、任务分析（计划）			
任务描述			
完成任务所需知识/技能			
实现思路			

四、任务实施
记录任务实施过程及实施结果

五、总结与反思（根据自己在任务实施过程中的表现，进行自我评价与反思）

六、任务评价		
评分标准	分值	得分
清楚本小组任务，小组内的分工合理，按时完成任务	5	
根据任务需求搭建合适的开发环境，选择合适的开发工具并准备好完成任务所需的素材	5	
任务实施过程中，能够根据要求进行实训，其间成员沟通良好，体现出良好的团队协作精神等综合素养	5	
代码编写规范，培养良好的代码注释习惯	5	
提交的任务材料命名规范、资料齐全	5	
任务效果完成情况	70	
能对自身任务完成情况进行反思，并根据自身表现情况进行客观评价	5	
指导老师签名：	总分（满分100分）	

任务工单 12　制作 Tab 栏显示古诗信息

院系		专业/班级	
姓名		学号	
小组成员		组长姓名	

一、任务分工

说明	小组成员在接到任务后，进行合理分工，明确各自职责
分工情况	

二、准备工作

开发环境 （描述开发环境，如编码工具等）	
运行环境 （描述运行环境）	
素材 （描述任务素材准备情况）	

三、任务分析（计划）

任务描述	
完成任务所需知识/技能	
实现思路	

四、任务实施
记录任务实施过程及实施结果

五、总结与反思（根据自己在任务实施过程中的表现，进行自我评价与反思）

六、任务评价			
评分标准		分值	得分
清楚本小组任务，小组内的分工合理，按时完成任务		5	
根据任务需求搭建合适的开发环境，选择合适的开发工具并准备好完成任务所需的素材		5	
任务实施过程中，能够根据要求进行实训，其间成员沟通良好，体现出良好的团队协作精神等综合素养		5	
代码编写规范，养成良好的代码注释习惯		5	
提交的任务材料命名规范、资料齐全		5	
任务效果完成情况		70	
能对自身任务完成情况进行反思，并根据自身表现情况进行客观评价		5	
指导老师签名：		总分（满分100分）	

任务工单 13 制作留言页面

院系		专业/班级	
姓名		学号	
小组成员		组长姓名	

一、任务分工

说明	小组成员在接到任务后,进行合理分工,明确各自职责
分工情况	

二、准备工作

开发环境 (描述开发环境,如编码工具等)	
运行环境 (描述运行环境)	
素材 (描述任务素材准备情况)	

三、任务分析(计划)

任务描述	
完成任务所需知识/技能	
实现思路	

四、任务实施
记录任务实施过程及实施结果

五、总结与反思（根据自己在任务实施过程中的表现，进行自我评价与反思）

六、任务评价

评分标准	分值	得分
清楚本小组任务，小组内的分工合理，按时完成任务	5	
根据任务需求搭建合适的开发环境，选择合适的开发工具并准备好完成任务所需的素材	5	
任务实施过程中，能够根据要求进行实训，其间成员沟通良好，体现出良好的团队协作精神等综合素养	5	
代码编写规范，养成良好的代码注释习惯	5	
提交的任务材料命名规范、资料齐全	5	
任务效果完成情况	70	
能对自身任务完成情况进行反思，并根据自身表现情况进行客观评价	5	
指导老师签名：	总分（满分100分）	

任务工单 14　模拟 LED 显示屏效果

院系		专业/班级	
姓名		学号	
小组成员		组长姓名	
一、任务分工			
说明	小组成员在接到任务后，进行合理分工，明确各自职责		
分工情况			
二、准备工作			
开发环境 （描述开发环境，如编码工具等）			
运行环境 （描述运行环境）			
素材 （描述任务素材准备情况）			
三、任务分析（计划）			
任务描述			
完成任务所需知识/技能			
实现思路			

四、任务实施
记录任务实施过程及实施结果

五、总结与反思（根据自己在任务实施过程中的表现，进行自我评价与反思）

六、任务评价		
评分标准	分值	得分
清楚本小组任务，小组内的分工合理，按时完成任务	5	
根据任务需求搭建合适的开发环境，选择合适的开发工具并准备好完成任务所需的素材	5	
任务实施过程中，能够根据要求进行实训，其间成员沟通良好，体现出良好的团队协作精神等综合素养	5	
代码编写规范，养成良好的代码注释习惯	5	
提交的任务材料命名规范、资料齐全	5	
任务效果完成情况	70	
能对自身任务完成情况进行反思，并根据自身表现情况进行客观评价	5	
指导老师签名：	总分（满分100分）	

任务工单 15　制作随机选号器

院系		专业/班级	
姓名		学号	
小组成员		组长姓名	

一、任务分工

说明	小组成员在接到任务后，进行合理分工，明确各自职责
分工情况	

二、准备工作

开发环境 （描述开发环境，如编码工具等）	
运行环境 （描述运行环境）	
素材 （描述任务素材准备情况）	

三、任务分析（计划）

任务描述	
完成任务所需知识/技能	
实现思路	

四、任务实施
记录任务实施过程及实施结果

五、总结与反思（根据自己在任务实施过程中的表现，进行自我评价与反思）

六、任务评价			
	评分标准	分值	得分
清楚本小组任务，小组内的分工合理，按时完成任务		5	
根据任务需求搭建合适的开发环境，选择合适的开发工具并准备好完成任务所需的素材		5	
任务实施过程中，能够根据要求进行实训，其间成员沟通良好，体现出良好的团队协作精神等综合素养		5	
代码编写规范，养成良好的代码注释习惯		5	
提交的任务材料命名规范、资料齐全		5	
任务效果完成情况		70	
能对自身任务完成情况进行反思，并根据自身表现情况进行客观评价		5	
指导老师签名：		总分（满分100分）	

任务工单 16　使用 ES9 语法存储并输出产品列表信息

院系		专业/班级	
姓名		学号	
小组成员		组长姓名	

一、任务分工

说明	小组成员在接到任务后，进行合理分工，明确各自职责
分工情况	

二、准备工作

开发环境 （描述开发环境，如编码工具等）	
运行环境 （描述运行环境）	
素材 （描述任务素材准备情况）	

三、任务分析（计划）

任务描述	
完成任务所需知识/技能	
实现思路	

四、任务实施
记录任务实施过程及实施结果

五、总结与反思(根据自己在任务实施过程中的表现,进行自我评价与反思)

六、任务评价		
评分标准	分值	得分
清楚本小组任务,小组内的分工合理,按时完成任务	5	
根据任务需求搭建合适的开发环境,选择合适的开发工具并准备好完成任务所需的素材	5	
任务实施过程中,能够根据要求进行实训,其间成员沟通良好,体现出良好的团队协作精神等综合素养	5	
代码编写规范,养成良好的代码注释习惯	5	
提交的任务材料命名规范、资料齐全	5	
任务效果完成情况	70	
能对自身任务完成情况进行反思,并根据自身表现情况进行客观评价	5	
指导老师签名:	总分(满分100分)	

模块 2　jQuery 基础及应用

任务工单 17　使用 jQuery 实现弹出窗口输出"Hello jQuery！"

院系			专业/班级	
姓名			学号	
小组成员			组长姓名	
一、任务分工				
说明	小组成员在接到任务后，进行合理分工，明确各自职责			
分工情况				
二、准备工作				
开发环境 （描述开发环境，如编码工具等）				
运行环境 （描述运行环境）				
实训素材 （描述任务素材准备情况）				
三、任务分析（计划）				
任务描述				
完成任务所需 知识/技能				
实现思路				

四、任务实施
记录任务实施过程及实施结果

五、总结与反思（根据自己在任务实施过程中的表现，进行自我评价与反思）

六、任务评价		
评分标准	分值	得分
清楚本小组任务，小组内的分工合理，按时完成任务	5	
根据任务需求搭建合适的开发环境，选择合适的开发工具并准备好完成任务所需的素材	5	
任务实施过程中，能够根据要求进行实训，其间成员沟通良好，体现出良好的团队协作精神等综合素养	5	
代码编写规范，养成良好的代码注释习惯	5	
提交的任务材料命名规范、资料齐全	5	
任务效果完成情况	70	
能对自身任务完成情况进行反思，并根据自身表现情况进行客观评价	5	
指导老师签名：	总分（满分100分）	

任务工单 18　使用 jQuery 实现网站品牌列表的展开与收起

院系		专业/班级	
姓名		学号	
小组成员		组长姓名	
一、任务分工				
说明	小组成员在接到任务后，进行合理分工，明确各自职责		
分工情况			
二、准备工作				
开发环境 （描述开发环境，如编码工具等）			
运行环境 （描述运行环境）			
实训素材 （描述任务素材准备情况）			
三、任务分析（计划）				
任务描述			
完成任务所需 知识/技能			
实现思路			

四、任务实施
记录任务实施过程及实施结果
五、总结与反思（根据自己在任务实施过程中的表现，进行自我评价与反思）

六、任务评价

评分标准	分值	得分
清楚本小组任务，小组内的分工合理，按时完成任务	5	
根据任务需求搭建合适的开发环境，选择合适的开发工具并准备好完成任务所需的素材	5	
任务实施过程中，能够根据要求进行实训，其间成员沟通良好，体现出良好的团队协作精神等综合素养	5	
代码编写规范，养成良好的代码注释习惯	5	
提交的任务材料命名规范、资料齐全	5	
任务效果完成情况	70	
能对自身任务完成情况进行反思，并根据自身表现情况进行客观评价	5	
指导老师签名：	总分（满分 100 分）	

任务工单 19　使用 jQuery 实现文章栏目切换显示效果

院系		专业/班级	
姓名		学号	
小组成员		组长姓名	
一、任务分工			
说明	小组成员在接到任务后，进行合理分工，明确各自职责		
分工情况			
二、准备工作			
开发环境 （描述开发环境，如编码工具等）			
运行环境 （描述运行环境）			
实训素材 （描述任务素材准备情况）			
三、任务分析（计划）			
任务描述			
完成任务所需知识/技能			
实现思路			

四、任务实施
记录任务实施过程及实施结果

五、总结与反思（根据自己在任务实施过程中的表现，进行自我评价与反思）

六、任务评价		
评分标准	分值	得分
清楚本小组任务，小组内的分工合理，按时完成任务	5	
根据任务需求搭建合适的开发环境，选择合适的开发工具并准备好完成任务所需的素材	5	
任务实施过程中，能够根据要求进行实训，其间成员沟通良好，体现出良好的团队协作精神等综合素养	5	
代码编写规范，养成良好的代码注释习惯	5	
提交的任务材料命名规范、资料齐全	5	
任务效果完成情况	70	
能对自身任务完成情况进行反思，并根据自身的实际表现情况进行客观评价	5	
指导老师签名：	总分（满分100分）	

任务工单 20 使用 jQuery 实现答案显示与隐藏效果

院系		专业/班级	
姓名		学号	
小组成员		组长姓名	

一、任务分工

说明	小组成员在接到任务后，进行合理分工，明确各自职责
分工情况	

二、准备工作

开发环境 （描述开发环境，如编码工具等）	
运行环境 （描述运行环境）	
实训素材 （描述任务素材准备情况）	

三、任务分析（计划）

任务描述	
完成任务所需知识/技能	
实现思路	

四、任务实施
记录任务实施过程及实施结果

五、总结与反思（根据自己在任务实施过程中的表现，进行自我评价与反思）

六、任务评价

评分标准	分值	得分
清楚本小组任务，小组内的分工合理，按时完成任务	5	
根据任务需求搭建合适的开发环境，选择合适的开发工具并准备好完成任务所需的素材	5	
任务实施过程中，能够根据要求进行实训，其间成员沟通良好，体现出良好的团队协作精神等综合素养	5	
代码编写规范，养成良好的代码注释习惯	5	
提交的任务材料命名规范、资料齐全	5	
任务效果完成情况	70	
能对自身任务完成情况进行反思，并根据自身表现情况进行客观评价	5	
指导老师签名：	总分（满分100分）	

任务工单 21　使用 jQuery 实现焦点幻灯效果

院系		专业/班级	
姓名		学号	
小组成员		组长姓名	

一、任务分工

说明	小组成员在接到任务后，进行合理分工，明确各自职责
分工情况	

二、准备工作

开发环境 （描述开发环境，如编码工具等）	
运行环境 （描述运行环境）	
实训素材 （描述任务素材准备情况）	

三、任务分析（计划）

任务描述	
完成任务所需 知识/技能	
实现思路	

四、任务实施
记录任务实施过程及实施结果

五、总结与反思（根据自己在任务实施过程中的表现，进行自我评价与反思）

六、任务评价		
评分标准	分值	得分
清楚本小组任务，小组内的分工合理，按时完成任务	5	
根据任务需求搭建合适的开发环境，选择合适的开发工具并准备好完成任务所需的素材	5	
任务实施过程中，能够根据要求进行实训，其间成员沟通良好，体现出良好的团队协作精神等综合素养	5	
代码编写规范，养成良好的代码注释习惯	5	
提交的任务材料命名规范、资料齐全	5	
任务效果完成情况	70	
能对自身任务完成情况进行反思，并根据自身表现情况进行客观评价	5	
指导老师签名：	总分（满分100分）	

任务工单 22 使用 jQuery 实现购物车功能

院系		专业/班级	
姓名		学号	
小组成员		组长姓名	

一、任务分工	
说明	小组成员在接到任务后,进行合理分工,明确各自职责
分工情况	

二、准备工作	
开发环境 (描述开发环境,如编码工具等)	
运行环境 (描述运行环境)	
实训素材 (描述任务素材准备情况)	

三、任务分析(计划)	
任务描述	
完成任务所需知识/技能	
实现思路	

四、任务实施
记录任务实施过程及实施结果

五、总结与反思（根据自己在任务实施过程中的表现，进行自我评价与反思）

六、任务评价

评分标准	分值	得分
清楚本小组任务，小组内的分工合理，按时完成任务	5	
根据任务需求搭建合适的开发环境，选择合适的开发工具并准备好完成任务所需的素材	5	
任务实施过程中，能够根据要求进行实训，其间成员沟通良好，体现出良好的团队协作精神等综合素养	5	
代码编写规范、养成良好的代码注释习惯	5	
提交的任务材料命名规范、资料齐全	5	
任务效果完成情况	70	
能对自身任务完成情况进行反思，并根据自身表现情况进行客观评价	5	
指导老师签名：	总分（满分100分）	

任务工单 23 使用 jQuery 制作评论页面

院系		专业/班级	
姓名		学号	
小组成员		组长姓名	

一、任务分工	
说明	小组成员在接到任务后，进行合理分工，明确各自职责
分工情况	

二、准备工作	
开发环境 （描述开发环境，如编码工具等）	
运行环境 （描述运行环境）	
实训素材 （描述任务素材准备情况）	

三、任务分析（计划）	
任务描述	
完成任务所需知识/技能	
实现思路	

四、任务实施
记录任务实施过程及实施结果

五、总结与反思（根据自己在任务实施过程中的表现，进行自我评价与反思）

六、任务评价		
评分标准	分值	得分
清楚本小组任务，小组内的分工合理，按时完成任务	5	
根据任务需求搭建合适的开发环境，选择合适的开发工具并准备好完成任务所需的素材	5	
任务实施过程中，能够根据要求进行实训，其间成员沟通良好，体现出良好的团队协作精神等综合素养	5	
代码编写规范，养成良好的代码注释习惯	5	
提交的任务材料命名规范、资料齐全	5	
任务效果完成情况	70	
能对自身任务完成情况进行反思，并根据自身表现情况进行客观评价	5	
指导老师签名：	总分（满分100分）	

任务工单 24　使用 jQuery UI 制作风云人物列表

院系		专业/班级	
姓名		学号	
小组成员		组长姓名	

一、任务分工

说明	小组成员在接到任务后，进行合理分工，明确各自职责
分工情况	

二、准备工作

开发环境 （描述开发环境，如编码工具等）	
运行环境 （描述运行环境）	
实训素材 （描述任务素材准备情况）	

三、任务分析（计划）

任务描述	
完成任务所需知识/技能	
实现思路	

四、任务实施
记录任务实施过程及实施结果

五、总结与反思（根据自己在任务实施过程中的表现，进行自我评价与反思）

六、任务评价

评分标准	分值	得分
清楚本小组任务，小组内的分工合理，按时完成任务	5	
根据任务需求搭建合适的开发环境，选择合适的开发工具并准备好完成任务所需的素材	5	
任务实施过程中，能够根据要求进行实训，其间成员沟通良好，体现出良好的团队协作精神等综合素养	5	
代码编写规范，养成良好的代码注释习惯	5	
提交的任务材料命名规范、资料齐全	5	
任务效果完成情况	70	
能对自身任务完成情况进行反思，并根据自身表现情况进行客观评价	5	
指导老师签名：	总分（满分100分）	

模块 3　Web 项目实践

任务工单 25　制作链农生鲜集团网页交互效果

院系		专业/班级	
姓名		学号	
小组成员		组长姓名	
一、任务分工			
说明	小组成员在接到任务后，进行合理分工，明确各自职责		
分工情况			
二、准备工作			
开发环境 （描述开发环境，如编码工具等）			
运行环境 （描述运行环境）			
实训素材 （描述任务素材准备情况）			
三、任务分析（计划）			
任务描述			
完成任务所需知识/技能			
实现思路			

四、任务实施
记录任务实施过程及实施结果

五、总结与反思（根据自己在任务实施过程中的表现，进行自我评价与反思）

六、任务评价

评分标准	分值	得分
清楚本小组任务，小组内的分工合理，按时完成任务	5	
根据任务需求搭建合适的开发环境，选择合适的开发工具并准备好完成任务所需的素材	5	
任务实施过程中，能够根据要求进行实训，其间成员沟通良好，体现出良好的团队协作精神等综合素养	5	
代码编写规范，养成良好的代码注释习惯	5	
提交的任务材料命名规范、资料齐全	5	
任务效果完成情况	70	
能对自身任务完成情况进行反思，并根据自身表现情况进行客观评价	5	
指导老师签名：	总分（满分100分）	